プライマリー薬学シリーズ 2

薬学の基礎としての
物理学

日本薬学会編

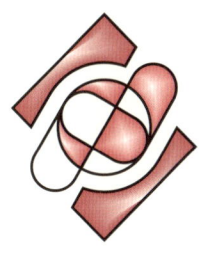

東京化学同人

まえがき

　平成18年に始まった新しい6年制の薬学教育では，それまでの4年制の薬学教育以上に，薬を必要としている人々とのコミュニケーション能力が求められている．しかし，これまでの4年制教育の柱でもあった物質としての薬に対する知識が不要になったということではない．薬は適切に使ってこそ薬であり，不適切な使用によっては毒となり，人々の命を脅かすものであることに変わりはない．それゆえ，日本薬学会は，物質としての薬に対する幅広い知識をもち，かつ，正しい倫理感をもって薬を扱う人材を育成するために，"薬学教育モデル・コアカリキュラム"を策定している．

　日本薬学会は，この目的に沿って"モデル・コアカリキュラム"に準拠した教科書"スタンダード薬学シリーズ"を企画・出版した．しかし，専門教育に対応したこの"スタンダード薬学シリーズ"は，高等学校を卒業したばかりの薬学の初心者にとってはなかなかハードルの高い教科書であった．そこで，薬学の初心者を対象にした導入教育用として，高等学校で学んだ理科系科目などの知識の再確認，あるいは未履修学生に対する基礎知識の修得の手助けを目的に"プライマリー薬学シリーズ"が企画された．本シリーズでは，化学，生物学，数学・統計学，および英語に関する巻がすでに世に出されており，本書"薬学の基礎としての物理学"の出版をもって，シリーズは一応の完結を見る．

　ところで，物理学という学問は，薬学の多くの学生が苦手としているのではないだろうか．理詰めで話が進む硬いイメージや，数式を用いて説明されていることに一因があるのかもしれない．しかし，理詰めであるということは，裏返していえば，一つ一つ積み上げていけば，理解が劇的に進むということでもある．また，数式は，言葉で説明すれば膨大な量となる事柄を，わずか1行で説明することができる便利なツールである．過去の状態の確認や将来の予測も，数式がなければ不可能である．

　本書では，物理学を"力学"，"熱力学"，"波"，"電磁気学"，"量子力学"に項目立てし，薬学で必要となる物理を，無理なく修得できるようにしている．"力学"は物理学の中心であり，ここでは物質が運動するときの力とそのつりあい，およびエネルギーの概念を修得してもらいたい．"熱力学"では，熱のイメージをつかんでもらえれば幸いである．これに続く"波"では，波の性質，特に波長や振動数といった波を表す物理量をしっかりと理解してもらいたい．光は，波の性質をもつ現象の一つであり，薬学でも大活躍する．薬の分子は，電気を帯びた粒子である原子核と電子から成っており，電気と磁石の関係を表す"電磁気学"の知識は，薬という物質の構造を知るためには不可欠である．また，薬を分析する手法の原理は，電磁気学の知識がなければ理解できない．原子や分子がひき起こす現象の理解には，"量子力学"が必要である．波であるはずの光が粒子でもあり，粒子であるはずの電子が波でもあることを，まず無条件に受け入れてもらいたい．薬の合成や反応には，この量子力学の知識が必須となる．

　物理学は身の回りの現象を説明するための学問でもある．身の回りの現象は，すべて，何らかの物理法則に従って決まった挙動をする．物理学の醍醐味は，"一つの法則がいろ

いろなものに使える"ということに尽きる．たとえば，力学で出てくる運動方程式は球だけでなく，人や車，惑星の運動でも成り立つ．本書では，数式を極力減らし，その物理法則がどこで成り立つものなのかをイメージしてもらうことを大切にした．"考えてみよう"を読んで，身の回りのどの現象にどんな物理法則が使えるのかを，まずは感じてもらいたい．物理は，薬学には縁遠いものと思われがちであるが，薬や人間も物質からできている以上，物理法則に従った挙動をとる．したがって，物理がわかるようになれば，薬の働く仕組みがよく理解できるようになるだろう．減らしたとはいえ，本書にも多くの数式があり，初めはとっつきにくいかもしれない．しかし，諦めないで物理の基本事項を勉強しておくことによって，薬学を基礎から理解できるものと確信している．本書（および本シリーズ）が，その手助けになれば，幸いである．

　最後に，本書の刊行に当たり，企画の段階から原稿の細部にまで踏み込んだ数多くの貴重な助言をくださった東京化学同人編集部の住田六連氏，植村信江氏に深謝いたします．

2013年4月

編著者一同

第 2 巻 薬学の基礎としての物理学

編 集 委 員

小 澤 俊 彦	日本薬科大学薬学部 客員教授，薬学博士
鈴 木 巌	高崎健康福祉大学薬学部 教授，薬学博士
須 田 晃 治*	明治薬科大学名誉教授，薬学博士
山 岡 由 美 子	元神戸学院大学薬学部 教授，薬学博士

* 編集責任

執 筆 者

熊 澤 美 裕 紀	前明治薬科大学薬学部 准教授，博士（理学）［第 1～14 章］
八 木 健 一 郎	横浜薬科大学薬学部 准教授，博士（理学）［第 15～28 章］

（五十音順，［ ］内は執筆担当箇所）

目　　次

第 2 巻 薬学の基礎としての物理学

第Ⅰ部 力　　学 ……………………………………………………………… 1
　第 1 章　はじめに —— 物理量と単位 ………………………………………… 3
　第 2 章　力，力の合成と分解 ………………………………………………… 6
　第 3 章　いろいろな力 ………………………………………………………… 9
　第 4 章　力のモーメントと偶力 ……………………………………………… 13
　第 5 章　速さと速度 …………………………………………………………… 16
　第 6 章　加 速 度 ……………………………………………………………… 19
　第 7 章　力と運動 ……………………………………………………………… 24
　第 8 章　運動量と力積 ………………………………………………………… 27
　第 9 章　仕　　事 ……………………………………………………………… 30
　第 10 章　エネルギー …………………………………………………………… 33
　第 11 章　円 運 動 ……………………………………………………………… 38

第Ⅱ部 熱 力 学 ……………………………………………………………… 43
　第 12 章　熱 ……………………………………………………………………… 45
　第 13 章　物体の温度変化 ……………………………………………………… 48
　第 14 章　不可逆変化 …………………………………………………………… 50

第Ⅲ部 波 ……………………………………………………………………… 53
　第 15 章　波の性質 ……………………………………………………………… 55
　第 16 章　正 弦 波 ……………………………………………………………… 59
　第 17 章　波の重ねあわせ ……………………………………………………… 63
　第 18 章　定 常 波 ……………………………………………………………… 67
　第 19 章　光の性質 ……………………………………………………………… 71

第Ⅳ部 電 磁 気 ……………………………………………………………… 75
　第 20 章　電　　荷 ……………………………………………………………… 77
　第 21 章　電場と電位 …………………………………………………………… 80
　第 22 章　電気容量とコンデンサー …………………………………………… 83
　第 23 章　電流と電気抵抗 ……………………………………………………… 86
　第 24 章　磁　　場 ……………………………………………………………… 89

第 V 部　量子力学 …… 93
第 25 章　電　子 …… 95
第 26 章　原子と原子核 …… 98
第 27 章　光の粒子性 …… 101
第 28 章　原子のエネルギー準位 …… 104

付　録 …… 107
演習問題の解答 …… 109
索　引 …… 116

I

力　学

第1章 はじめに ── 物理量と単位

到達目標
1. 物理量の基本単位の定義を説明できる．
2. 基本単位を組合わせた組立単位を説明できる．

考えてみよう
物理と数学の違いは何でしょう．その一つが単位です．たとえば，"ここに 1 あるよ" と言われても何が 1 あるのかさっぱりわかりません．しかし "1 kg あるよ" と言われれば重さのある物，"1 m あるよ" と言われれば長さのある物を想像できるようになります．数字は単位と結びつくことで具体的な物理量になります．速さの単位 m s^{-1} は m/s で，（距離の単位 m）/（時間の単位 s）であり，速さ＝距離/時間となっています．このように，単位の中にはその物理量に関する法則が含まれています．

1・1 物 理 量

物理で扱う量は，**物理量**である．物理量は，

$$\text{数値} \times \text{単位}$$

で表し，必ず**単位**をもっている．見かけ上，単位のない物理量もあるが，**無次元**という単位をもっていると考える[*1]．

[*1] 無次元量の例としては，**比重**がある．これは，物質の質量を，同じ体積の水の質量で割ったものである．

また，数学での等号は左右の値が等しいことを表す．これに対して，物理では左右の値と単位が等しいことを表す．つまり，1 m＝1 kg は成り立たない．一方，3 m＝300 cm は，1 m が 100 cm なので，成り立つ．

以上のことから，物理量同士の間の加減乗除には，つぎの規則が成り立つ．

- 単位の異なる物理量同士の足し算・引き算はできない．
- 単位の異なる物理量同士の掛け算・割り算は，単位の掛け算・割り算を伴う．

1・2 単 位

力学で出てくる物理量の単位は，**長さ**，**質量**，**時間**の三つで定めることができる．しかしながら，長さの単位もセンチメートル，マイル，インチなど，いろいろな単位が存在する[*2]．そこで，長さにはメートル（m），質量にはキログラム（kg），時間には秒（s）を標準的な単位とするほか，電流にはアンペア（A），温度にはケルビン（K），光度にはカンデラ（cd），物質量にはモル（mol）を標準単位とする**国際単位系（SI）**が定められた[*3]．m, kg, s, A, K, cd, mol の七つを **SI 基本単位**といい，すべての物理量の単位は，以下に説明するように，この組合わせで表す．

[*2] 　1 cm ＝ 0.01 m
1 インチ ≈ 2.54 cm
1 マイル ≈ 1.609 km

[*3] 国際単位系は，m, kg, s, A を基本単位とする MKSA 単位系が基本となっている．cm, g, s を基本単位とする cgs 単位系もある．

SI 基本単位以外の物理量の単位は，速さの単位である m s^{-1} が距離の単位 m と時間の単位 s から構成されているように，SI 基本単位から組立てられている．このような単位を **SI 組立単位**という．力の単位 N（ニュートン）は SI 組立単位の一つであるが，基本単位の組合わせ m kg s^{-2} をまとめたものである．基本単

位で表せない物理量，たとえば個数や回数（サイクル）は無次元量である．

1・3 物理量および単位を表す記号

物理では，いろいろな単位をもつ物理量を取扱うため，物理量を記号で表す*．そのほとんどは英語の単語の頭文字をとったものであり，代表的なものを表1・1にまとめた．また，SI 単位ではないが，慣例的に広く用いられている単位で，特に薬学で使われるものを表1・2に示す．

物理量と単位の表記で同じ記号が使われる場合もある．しかし，物理量を表す記号はイタリック体（斜体），単位を表す記号はローマン体（立体）で表すことになっているので区別できる．たとえば，m なら物理量の質量を，m なら単位のメートルを表している．

* 本書では数値を伴わない物理量で，単位を強調するときには〔　〕を付けて表す．

基本単位以外の単位の読み方：
- N　ニュートン
- J　ジュール
- Pa　パスカル
- Hz　ヘルツ
- C　クーロン
- V　ボルト
- F　ファラド
- Ω　オーム

表1・1　本書および薬学でよく使われる物理量の SI 基本単位と SI 組立単位[†1]

物理量記号	物理量	単位記号[†2]
F, f	力（force）	$N = m\,kg\,s^{-2}$
m	質量（mass）	kg
v	速さ，速度（velocity）	$m\,s^{-1}$
t	時間（time）	s
a	加速度（acceleration）	$m\,s^{-2}$
L, l	長さ（length）	m
M, m	力のモーメント（moment）	N m
W, w	仕事（work）	$J = m^2\,kg\,s^{-2}$
U, K, E	エネルギー（energy）	$J = m^2\,kg\,s^{-2}$
T	温度（temperature）	K
V	体積（volume）	m^3
P, p	圧力（pressure）	$Pa = m^{-1}\,kg\,s^{-2} = N\,m^{-2}$
f, ν	周波数，振動数（frequency）	$Hz = s^{-1}$
I, i	電流（electric current）	A
Q, q	電気量，電荷（electric charge）	$C = s\,A$
V	電位（electric potential）	$V = m^2\,kg\,s^{-3}\,A^{-1} = J\,C^{-1}$
C	電気容量，静電容量（capacitance）	$F = m^{-2}\,kg^{-1}\,s^4\,A^2 = C\,V^{-1}$
R	電気抵抗（electric resistance）	$\Omega = m^2\,kg\,s^{-3}\,A^{-2} = V\,A^{-1}$

[†1] 記号は一般的に使われるものをあげた．成書によっては異なる記号を用いることもある．
[†2] SI 組立単位のうち，固有の名称をもつものについては，SI 基本単位での表し方を等号の右側に示す．

表1・2　本書および薬学でよく使われる物理量の非 SI 単位

物理量記号	物理量	単位記号
V	体積	L（リットル）$= 10^{-3}\,m^3$
c	モル濃度[†]	$mol\,L^{-1} = 10^3\,mol\,m^{-3}$

[†] 一般に，成分名の両側に〔　〕が付いている場合，モル濃度を表している．例：〔CH_3COOH〕は（分子型の）酢酸のモル濃度．

1・4 SI 接頭語

物理現象を表す物理量には，1 mol の分子の数（6.022×10^{23} 個）といった非常

に大きな値をもつものから，陽子1個の質量（1.672×10^{-27} kg）といった非常に小さい値をもつものまである．そこで，10のべき乗数を使って表したり，**SI接頭語**を使って表すことが一般的である*．SI接頭語は日常生活でも使われており，$1000=10^3$ 倍を表す k（キロ）や，$1/1000=10^{-3}$ 倍を表す m（ミリ）は，代表的なSI接頭語である．おもなSI接頭語を表1・3にまとめた．

* SI接頭語を使って表された値と，10のべき乗を使って表された値を，いつでも変換できるようにしておこう．また，値がSI接頭語を含んでいる計算をするときは，必ず10のべき乗数にしてから計算すること（表1・3の"10のべき乗での表し方と例"を参照）．

表1・3　おもなSI接頭語

記号	読み方	10のべき乗での表し方と例
p	ピコ	10^{-12}（100 pm=100×10^{-12} m=1×10^{-10} m）
n	ナノ	10^{-9}（400 nm=400×10^{-9} m=4×10^{-7} m）
μ	マイクロ	10^{-6}（20 μL=20×10^{-6} L=2×10^{-5} L）
m	ミリ	10^{-3}（1.5 mL=1.5×10^{-3} L）
c [†1]	センチ	10^{-2}（1 cm=1×10^{-2} m）
h [†1]	ヘクト	10^{2}（1013 hPa=1013×10^2 Pa=1.013×10^5 Pa）
k	キロ	10^{3}（60 kJ=60×10^3 J=6×10^4 J）
M	メガ	10^{6}（500 MHz=500×10^6 Hz=5×10^8 Hz）[†2]
G	ギガ	10^{9}（1 GeV=1×10^9 eV）[†2]

[†1] c（センチ）と h（ヘクト）は，科学では使われない．科学で使われるのは，10^3 ごとのSI接頭語である．
[†2] Hz（ヘルツ）：振動数の単位（☞第15章）．eV（電子ボルト）：エネルギーの単位（☞第25章）．

やってみよう

▶ 縦，横，高さがそれぞれ 3.0 mm の立方体の体積を，(a) mm³, (b) m³, (c) L 単位で求めてみよう．

◀ 体積は，（縦）×（横）×（高さ）なので，

(a) mm³ 単位なら，3 mm×3 mm×3 mm=27 mm³．
(b) m³ 単位なら，$(3\times10^{-3}\text{ m})\times(3\times10^{-3}\text{ m})\times(3\times10^{-3}\text{ m})=(3\times3\times3)\times(10^{-3}\times10^{-3}\times10^{-3})$ m³=27×10^{-9} m³=2.7×10^{-8} m³．
(c) 1 L は 0.1 m×0.1 m×0.1 m=1×10^{-3} m³ のことなので，2.7×10^{-8} m³=$2.7\times10^{-5}\times10^{-3}$ m³=2.7×10^{-5} L．

薬学への応用

薬学では，いろいろな単位をもつ物理量に出会います．授業や実習で扱う数値は物理量であり，単位をもっていることを忘れないようしましょう．単位の成り立ちを知ることは，物理量のもつ意味を知ることになります．単位に注意を払えば，計算ミスに気づくことができます．

演習問題

1. つぎの単位のうち，SI基本単位はどれか．

　　　メートル m，キロメートル km，グラム g，キログラム kg，
　　　リットル L，秒 s，分 min，時間 h

2. 体積が 64 μL となる立方体の一辺の長さを mm 単位で求めよ．

第2章 力，力の合成と分解

到達目標

1. 力の働きを説明できる．
2. 力がベクトルで表されることを説明できる．
3. 物体に働く力のつりあいを説明できる．

考えてみよう

物理では，数式やベクトル，微分といった数学の手法が出てくるのはなぜでしょうか．それは，数学を用いると簡単に表せるからです．たとえば，第7章で出てくるニュートンの運動方程式は"質量 m の物体に力 F が働くと加速度が生じる．その加速度の大きさ a は力に比例し，質量に反比例する"というものですが，式で表せば $ma=F$ となります．本章では，力という物理量について考え，ベクトル量の考え方を身につけましょう．

2・1 力の働き

ばねを引っ張ると伸びる，割り箸を曲げるとたわむ，といったように，物体に力を加えると変形させることができる．また，飛んできたボールをバットで打つと，ボールの飛ぶ方向や速さを変えることができる（図2・1）．

このように，物理で用いる**力**とは，

- 物体を変形させるもの
- 物体の運動状態（向きや速さ）を変えるもの

を指す．

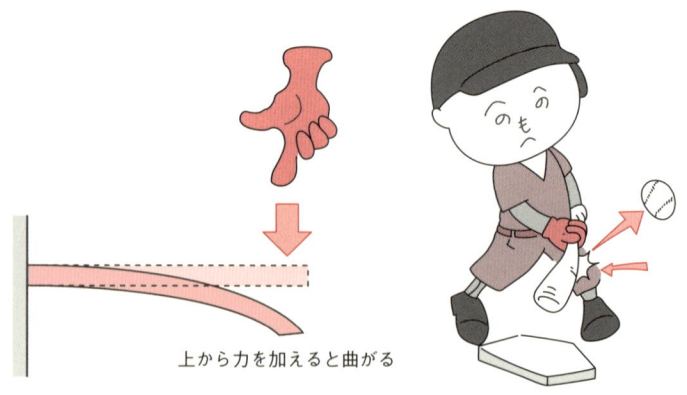

図 2・1 力の働き　力が加わると，物体が変形したり（左），運動状態が変化する（右）．

質点と剛体：物質には大きさや形の違いがあるが，本章ではそれらを考えず，質量が重心に集中した**質点**を考える．したがって，これから出てくる法則は大きさや形に関係なく成り立つものと考えてよい．一方，形や大きさを考える必要がある場合には**剛体**として扱うこととなる（☞ 第4章）．

2・2 力の表し方

力は大きさのほかに，向きをもつ**ベクトル量**である．これに対して，質量のように大きさだけをもつものが**スカラー量**である．ベクトル量である力は矢印を用

いて表すことができ，図 2・2 のように，力の向きを矢印の向き，力の大きさを矢印の長さで表現する．力の働く点を**作用点**といい，力の働く方向を表した線を**作用線**という．力の単位は **N（ニュートン）**[*1] を用いる．

2・3 二つの力のつりあい

静止している物体が，逆向きで同じ大きさの二つの力を同一作用線上で受けるとき[*2]，物体はどちらの方向にも動かない，つまり静止したままである．このとき，二つの力はつりあっているという（図 2・3）．これをベクトル記号で表す[*3]と下式のようになる．

$$\boldsymbol{F}_1 = -\boldsymbol{F}_2 \quad \text{または} \quad \boldsymbol{F}_1 + \boldsymbol{F}_2 = \boldsymbol{0} \tag{2・1}[*4]$$

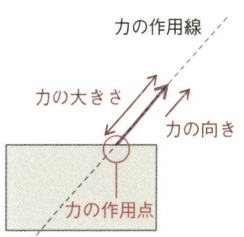

図 2・2 **力の表し方** 力の向きを矢印の方向で，力の大きさを矢印の長さで表す．

[*1] SI 基本単位では m kg s^{-2}．

[*2] 物体に働く力が同一作用線上にないときは，**偶力**となる（☞ §4・3）．

[*3] ベクトルを記号で表す方法にはいくつかあるが，本書では太字の斜体で表すこととする．ただし，ベクトルの成分や大きさを表す場合には，細字の斜体で表すこととする．

[*4] − が付いているので，$\boldsymbol{F}_1$ と $\boldsymbol{F}_2$ は逆向きになっている．また，$\boldsymbol{F}_1$ と $\boldsymbol{F}_2$ の係数が同じなので，大きさは等しい．

図 2・3 **力のつりあい** 綱引きで綱が動かないとき，両側から引く力 $\boldsymbol{F}_1$ と $\boldsymbol{F}_2$ は大きさが同じで，逆向きになっている．

2・4 力の合成と分解

二つ以上の力が物体に働いているとき，それらと同じ働きをする一つの力を求めることを**力の合成**という．また，一つの力を，これと同じ働きをする二つの力に分けることを**力の分解**という．力はベクトルであることに注意する．

- 二つの力の合成……始点を合わせて，平行四辺形を描く．平行四辺形の対角線が二つの力の合力 $\boldsymbol{F} = \boldsymbol{F}_1 + \boldsymbol{F}_2$ となる（図 2・4）．
- 力の分解……$\boldsymbol{F}$ を x 方向と y 方向に分解する．分解した力の x 成分（F_x），y 成分（F_y）は x 軸と $\boldsymbol{F}$ のなす角を θ，$\boldsymbol{F}$ の大きさ F とすると，つぎのようになる（図 2・5）．

$$F_x = F \cos \theta \tag{2・2}$$
$$F_y = F \sin \theta \tag{2・3}$$
$$F = \sqrt{F_x^2 + F_y^2} \tag{2・4}$$

2・5 三つの力のつりあい

三つの力がつりあうためには，図 2・6 に示すように，二つの力の合力と，残りの一つの力がつりあうと考える．

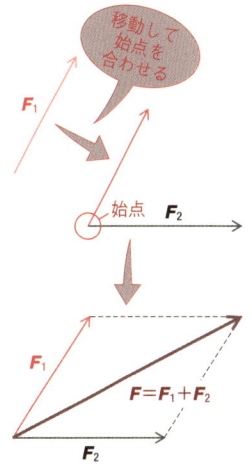

図 2・4 **力の合成** 力はベクトル量なので，ベクトルの足し算で力を合成することができる．

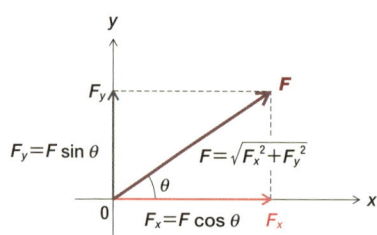

図 2・5 力の分解　F を x, y 方向に分解すると，それぞれの成分は $F_x = F\cos\theta$，$F_y = F\sin\theta$ となる．

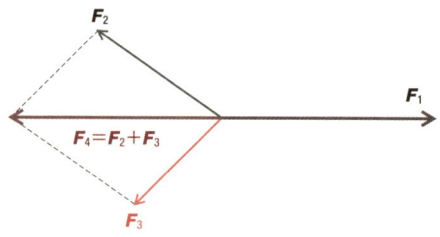

図 2・6 三つの力のつりあい　F_2 と F_3 を合成した F_4 が F_1 とつりあっている．もちろん，F_1 と F_2 を合成したものが F_3 と，あるいは F_1 と F_3 を合成したものが F_2 とつりあっていると考えてもよい．

F_2 と F_3 の合力を F_4 とすると，

$$F_4 = F_2 + F_3 \tag{2・5}$$

合力 F_4 が F_1 とつりあっているとすると，式 2・1 より

$$F_1 = -F_4 = -(F_2 + F_3) \tag{2・6}$$

よって，つりあいの条件は，

$$F_1 + F_2 + F_3 = 0 \tag{2・7}$$

である*．

* 式 2・7 のそれぞれの力 F_1, F_2, F_3 は，それぞれの x, y 方向の成分 F_{1x} と F_{1y}，F_{2x} と F_{2y}，F_{3x} と F_{3y} に分解できるので，式 2・7 が成立しているときには，

$F_{1x} + F_{2x} + F_{3x} = 0$
$F_{1y} + F_{2y} + F_{3y} = 0$

も成立する．

やってみよう

▶ 平面において，力 F_1 と F_2 があるとき（図 2・7），これらの合力 F_3 およびその大きさを求めてみましょう．ここでは，1 マスの長さを力の大きさ 1 N とします．

◀ マスの長さより，$F_1 = 2$ N，$F_2 = 3$ N となります．二つの矢印を辺とする平行四辺形を描き（この場合は長方形となる），始点を含んだ対角線が合力 F_3 となります．また，大きさは $F_3 = \sqrt{F_1{}^2 + F_2{}^2} = \sqrt{2^2 + 3^2} = \sqrt{13}$ N となります（図 2・8）．

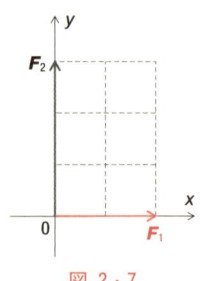

図 2・7

図 2・8

薬学への応用

薬がなぜ効き目を表すのかを科学的に理解するためには，エネルギー（☞ 第 10 章）について知っておく必要があります．そしてエネルギーを理解するためには，力と速度を正確に知っておく必要があります．第 2 章〜第 4 章では，まず，力について学んでいきましょう．また，薬を使いやすいものとするためには，形（剤形）も大切です．固体や液体の形や性質には，いろいろな力が深く関わっています．

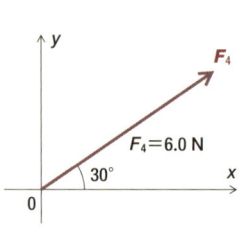

演習問題

1. x–y 平面において，x 軸となす角が 30°の力 F_4（大きさは 6.0 N）を x 軸方向と y 軸方向に分解し，それぞれの大きさを求めよ．

第3章 いろいろな力

到達目標
1. 重さと質量の違いを説明できる．
2. 物体に働くさまざまな力を列挙できる．
3. 作用反作用の法則について説明できる．

考えてみよう
地球上の物体には重力という力が働いています．この力は地球がその物体を地球の中心に向かって引っ張る力で，これにより私たちは地に足が着いた生活ができます．物を持ち上げるためには，この重力に逆らって物体を動かさなければなりません．重力に逆らうための力が大きいと，私たちは"重い"と感じます．この"重い"を測定するものが体重計などの"はかり"で，体重計は，私たちがどのくらいの力で地球に引っ張られているか，という重力の大きさを測定する装置です．

3・1 重さと質量

地球上の物体には**重力**が働いており，その大きさを**重さ**という．重さは力なので，単位はN（ニュートン）である．月で体重を測定すると，数値は地球の約1/6となる．これは月の重力が地球の重力より小さいためで，月での重さは地球の重さの1/6となる．しかしながら，月でも地球でも変わらないものもある．これを**質量**といい，物体を構成する原子の種類と数によって決まる量である．重力＝質量×重力加速度[*1]の関係があり，月と地球では，重力加速度の大きさが異なるということになる．

ところで，なぜ体重計の測定値は490 N（重さでの表示）ではなく50 kg（質量での表示）となるのか．それは，体重計が測定しているのはあくまでも重力だが，地球上の物体に働く重力加速度の大きさは $g=9.81\ \mathrm{m\ s^{-2}}$ でほぼ同じであるため，日常では重さを質量のように使用しているからである[*2]．

3・2 いろいろな力

重力は直接地球に触れていなくても働く．このように他の物体と離れていても働く力を**遠隔力**といい，重力のほかにクーロン力（☞第20章）や磁気力[*3]などがある．これに対して，弾性力や抗力，摩擦力などは他の物体と接触しているときだけ生じ，このような力を**接触力**という．

a. 重 力（図3・1） 地球の中心に向かって働く力．物体を構成するあらゆる部分は重力を受けるが，力を表すときには，重さの分布の平均位置である**重心**を力の作用点とする．重力の大きさ W は物体の質量を m とすると，mg となる．

b. 弾 性 力（図3・2） 固体などは力を加えると変形し，力を外すと元に戻る．このような性質をもつものを**弾性体**といい，加えられた力に対して元に戻ろうとする力が**弾性力**である[*4]．代表的なものとしてばねがある．力を加えていないときのばねの長さを**自然長**といい，力を加えたときの自然長からのばねの伸

[*1] 地球は楕円形をしているので，重力加速度の大きさは緯度により異なる．日本では，北海道（稚内）で$9.8062\ \mathrm{m\ s^{-2}}$，東京で$9.7976\ \mathrm{m\ s^{-2}}$，沖縄で$9.7910\ \mathrm{m\ s^{-2}}$となり，沖縄での体重が一番軽くなることがわかる．重力加速度については，第6章，第7章を参照のこと．

[*2] 薬学でも重さと質量を区別せずに使用している場合があるので注意すること．

[*3] 磁気力については本書では扱わないが，磁気が関わる力（ローレンツ力）は第24章に出てくる．

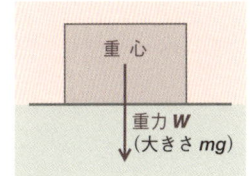

図3・1 重力 重力は物体の重心に働く．

[*4] 変形が非常に小さいものを**剛体**（☞第4章）という．

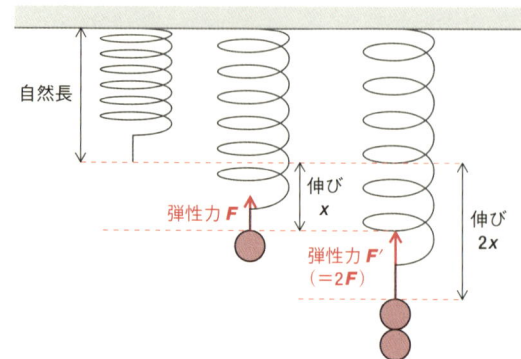

図3・2 弾性力　おもりを1個つるしたときばねがx伸びたとすると，おもりを2個つるすとばねは$2x$伸びる．

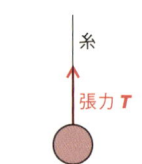

図3・3 張　力　張力は糸の方向に働く．

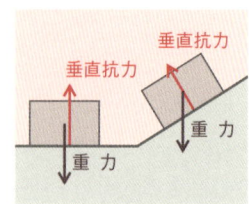

図3・4 垂直抗力　垂直抗力は面に対して垂直に働く．

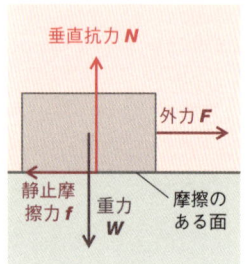

図3・5 静止摩擦力　外力Fで引っ張っても動かない場合，それにつりあう静止摩擦力fが働いている．

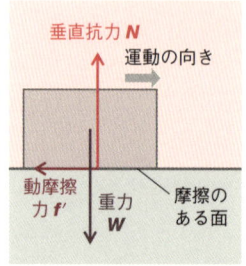

図3・6 動摩擦力　運動している物体は，運動している向きと逆向きに動摩擦力f'が働く．運動している物体がやがて静止するのは，この動摩擦力が働くためである．

びxは，力の大きさFに比例する．この関係を**フックの法則**という．

$$F = kx \qquad k: ばね定数 \qquad (3・1)$$

c. 張　力（図3・3）　ロープや糸に物体を付けてつるすとき，ロープや糸が物体を引く力を**張力**という．一般に，糸やロープの質量や伸びは無視し，あらゆる部分に働く力は等しいとする．

d. 垂直抗力（図3・4）　物体は重力Wによって物体が置かれている面を押しているが，それを押し返している力を**垂直抗力**Nという．面に対して垂直に働くことに注意する．

e. 摩　擦　力　机の上に置かれた物体を引っぱっても，力が小さいうちは動かない．これは，机と物体の間に，物体を動かすまいとする抵抗力が働くからであり，この力を**摩擦力**という．したがって，摩擦力は物体が運動しようとする方向，あるいは運動している方向とは逆向きに働く．

1) **静止摩擦力**（図3・5）　大きさがFの力で引っ張っても動かないときの摩擦力を**静止摩擦力**fという．このとき物体が受ける力は，引っ張られる力と静止摩擦力との間でつりあいの状態になる．引く力を大きくしていくと，静止摩擦力fも大きくなるが，まだ動かないときは$f=F$のつりあいの関係がある．しかし，さらにFを大きくしていき，f_{max}以上の力を加えると，物体は動き出す．このf_{max}を**最大摩擦力**という．最大摩擦力は，

$$f_{max} = \mu N \qquad (3・2)$$

という関係がある．μを**静止摩擦係数**という．

2) **動摩擦力**（図3・6）　物体が動いているときも，物体を動かすまいとする力が働いている．この力を**動摩擦力**f'という．動摩擦力は，

$$f' = \mu' N \qquad (3・3)$$

という関係があり，μ'を**動摩擦係数**という[*1].

*1 一般に，静止摩擦係数は動摩擦係数より大きい．このことは，物を動かすときに，動き出した後は軽くなることからも実感できる．

3・3 単位面積当たりの力

体重計の上では，立っても座っても同じ力で地球に引かれ，同じ重さになる．しかしながら，柔らかいベッドの上に立ったときと座ったとき，あるいは横になったときはどうだろうか．立っているときの方が横になっているときよりよく沈むのではないだろうか．この理由は，**単位面積当たりの力**，すなわち**圧力** P が，立っているときの方が大きいからである．圧力の大きさは，面に掛かる力を F [N]，断面積を S [m^2] として，次式で表される．

$$P = \frac{F}{S} \quad (3 \cdot 4)$$

圧力の単位は N m^{-2} であり，これを **Pa**（パスカル）[*2] と表す．

*2 SI基本単位では m^{-1} kg s^{-2}．

3・4 作用反作用の法則

この本を机の上に置いてみよう．本には重力が働いているが，なぜ机に沈んでいかないのだろうか．これは，重力によって本が机を押す力と，机が本を押し返す力（垂直抗力）が同じ大きさで逆向きに働いているからである．このように，加わる力（作用）と，それを押し返す力（反作用）が同一直線上，同じ大きさで逆向きにあることを，**作用反作用の法則**という．

床Bの上に物体Aが置いてある状態を考える．AがBに及ぼす力を $\boldsymbol{F}_1$，BがAに及ぼす力を $\boldsymbol{F}_2$ とすると（図3・7），

$$\boldsymbol{F}_1 = -\boldsymbol{F}_2 \quad (3 \cdot 5)$$

となる．

作用反作用の法則は，物体Aと物体Bという2物体間に働く力を考えている．一方，前章に出てきた力のつりあいは，一つの物体に複数の力が働いている場合を考えている．物体Aの場合，重力 $\boldsymbol{W}$ が下向きに働くので $\boldsymbol{W}=-\boldsymbol{F}_2$ が力のつりあいとなる．

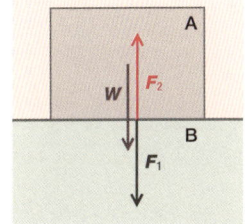

図3・7 作用反作用の法則 物体Aに重力 $\boldsymbol{W}$ が働いているとき，物体Aは $\boldsymbol{F}_1$ の力で床Bを押している．このとき，床Bが沈んだりしないならば，物体Aには必ず $\boldsymbol{F}_1$ と逆方向で同じ大きさの垂直抗力 $\boldsymbol{F}_2$ が働いている．

やってみよう

▶ 質量50 kgの物体に働く重力の大きさを求めてみよう．

◀ 重力の大きさは，質量×重力加速度で与えられるので，50 kg×9.8 m s^{-2}＝490 kg m s^{-2}＝490 N となります．重力加速度は地上ではほぼ定数としてよいので，私たちが使っている体重計などのはかりでは 490 N を 9.8 m s^{-2} で割った値である 50 kg を表示するようになっています．

演習問題

1. つぎの物体に働く力を書け.

(a)　　　　　　　　　(b)

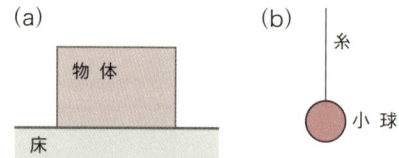

2. 粗い面の上に質量 0.10 kg の物体を置き，水平右向きに引く．引く力をだんだん大きくしていったところ，ちょうど 4.9 N の力で引いたところで物体は動き出した．ただし，重力加速度の大きさを 9.8 m s^{-2} とする．
 (a) 最大摩擦力の大きさはいくらか．
 (b) 面と物体との静止摩擦係数はいくらか．

発展　液体中の圧力

　海やプールに潜ると，耳の鼓膜などに圧力を感じるだろう．これは，上にある水の重さによって身体が押しつけられているからで，深く潜れば潜るほど，それは大きな力となる．水の中で物体が受ける力を**水圧**という．

　断面積 S, 高さ h の物体を密度 ρ の水中に深さ x だけ沈めたとき，物体に掛かる圧力を求めてみよう（図 3·8）.

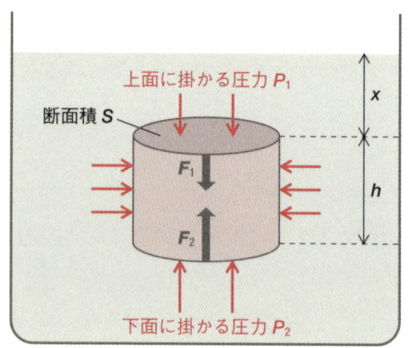

図 3·8 浮力　水の中の物体には，上面に圧力 P_1, 下面に圧力 P_2 が働き，$P_2 > P_1$ なので，水の中の物体は，浮かび上がろうとする．物体が同じ体積の水よりも軽い場合，実際に浮かび上がる．

　物体の上面の上にある水の質量は $M_1 = \rho S x$. したがって，上面に掛かる力の大きさは上面の上にある水の重さとなり，$F_1 = M_1 g = \rho g S x$. よって圧力は $P_1 = \rho g x$.
　また，下面に掛かる圧力 P_2 も同様に求める．下面の上にある水の質量は $M_2 = \rho S \cdot (x+h)$ であるから，下面に掛かる力は $F_2 = M_2 g = \rho g S (x+h)$ となり，圧力は $P_2 = \rho g (x+h)$ である．このように液体中の圧力は，深さに関係することがわかる．
　さて，上面に掛かる力 F_1 と下面に掛かる力 F_2 はどちらが大きいだろうか．質量は $M_2 > M_1$ であるから，$F_2 > F_1$ となり，水が下から物体の下面を押す力の方が大きい．すなわち，この物体は水から上向きの力を受けていて，この力を**浮力**という．この場合，力の差 $F_2 - F_1 = \rho g h S$ が浮力となり，物体が押しのけた水の重さ（質量×重力加速度＝$\rho g h S$）に等しい．

第4章 力のモーメントと偶力

到達目標
1. 力のモーメントについて説明できる.
2. 偶力について説明できる.

考えてみよう
第2章では,物体の大きさを無視して力のつりあいを考えました.では,大きさのある物体に力を加えるとどうなるでしょうか.たとえば,鉛筆を重心の辺りでつまんで机と平行に持ち上げていくことはできますが,先端をつまむと反対の端は下がり,鉛筆は斜めになります.このように,大きさのある物体には,全体が平行に移動する並進運動と,回転する回転運動があり,力を加える場所により物体を回転させることができます.

4・1 力のモーメント

てこで重いものを持ち上げるとき,柄の長さは長いほど楽である(図4・1).これをてこの回転運動と考えると,てこに加える力と支点(回転中心)からの長さが関係していることがわかる.

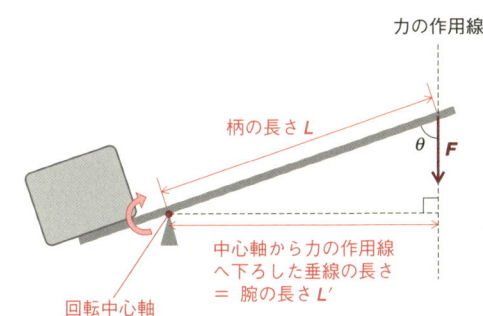

図4・1 力のモーメント 柄の長さ L が長ければ腕の長さ L' も長くなり,小さい力で物体を持ち上げることができる.

物体を回転させようとする働きを**力のモーメント**といい,力の大きさ F〔N〕と回転中心軸から力の作用線に下ろした垂線の長さ L'〔m〕(これを**腕の長さ**という)の積で表される.回転中心軸から力の作用点の方向と力の向きのなす角が θ である場合は,腕の長さが $L'=L\sin\theta$ となるので,力のモーメント M は

$$M = FL' = FL\sin\theta \tag{4・1}$$

で表される.力のモーメントの単位は N m である*.

また,物体を回転させる向きとして,反時計回りの力のモーメントを正の方向,時計回りの向きを負の方向とすることが多い.

* 力のモーメントの単位は N m であり,第9章で出てくる仕事や第10章で出てくるエネルギーと同じ単位だが,力のモーメントと仕事,エネルギーは物理量としてまったく別なものである.

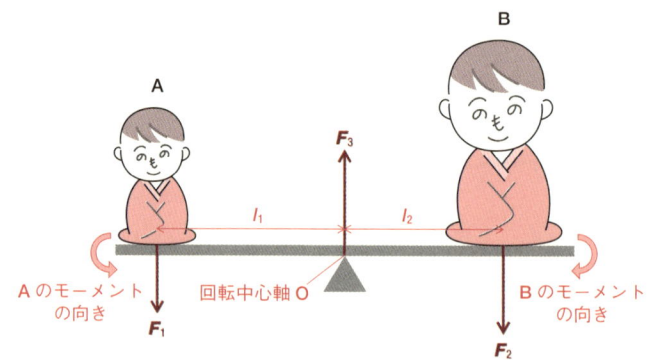

図 4・2 剛体のつりあい　$F_1+F_2+F_3=0$ および $F_1l_1=F_2l_2$ が成り立っているとき，シーソーは動かない．

4・2 剛体のつりあい

*このシーソーは力を加えても変形しない剛体として考える．

図 4・2 のように，シーソー*の A, B の位置にそれぞれ F_1, F_2, O の位置に F_3 という力が掛かっているとする．シーソーが水平に静止しているとき，シーソーが受ける力 F_1, F_2, F_3 の間には，

$$F_1 + F_2 + F_3 = 0 \tag{4・2}$$

が成り立っている．これは §2・5 で学習した"三つの力のつりあい"と同じである．

さらに，シーソーは回転していないので，O を回転中心軸としたとき F_1 がシーソーを反時計回りに回転させようとするモーメントと，F_2 がシーソーを時計回りに回転させようとするモーメントの大きさが等しい．$\overline{\mathrm{OA}}=l_1$, $\overline{\mathrm{OB}}=l_2$ とすると，

$$F_1 l_1 = F_2 l_2 \tag{4・3}$$

となり，このとき力のモーメントはつりあっているという．ここで，反時計回りの方向を正とすると，

$$F_1 l_1 - F_2 l_2 = 0 \tag{4・4}$$

と表すこともでき，回転中心軸の周りでの力のモーメントの和が 0 になると考えることもできる．

このように，剛体のつりあいを考えるときには，力のつりあいと，力のモーメントのつりあいを考えなければならない．

4・3 偶　力

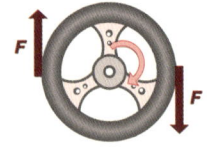

図 4・3 偶力　偶力を利用することで，小さな力で回転運動をさせることができる．

大きさが無視できる物体に，向きが反対で同じ大きさの力を加えるとつりあうことは第 3 章で説明した．しかし，大きさのある物体の場合，力の作用線が同一直線上にない場合には物体が回転するようになる．このような力を**偶力**といい，車のハンドルやドアノブを回転させるのに用いられている（図 4・3）．

やってみよう

▶回転軸から 1.0 m 離れたところにドアノブが付いているドアがあります．このドアを開けるのに，ドアに対して垂直に 5.0 N の力で引っぱったとき，ドアの回転軸周りの力のモーメントはいくらになるでしょうか．
◀力のモーメントは $M=Fl$ なので $M=5.0×1.0=5.0$ N m となる．

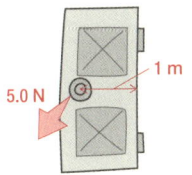

演習問題

1. 図 4・2 のシーソーの左端（$l_1=1.0$ m）に質量 30 kg の人 A が座っている．右側に質量 50 kg の人 B が座るとき，どの位置に座ればシーソーはつりあうか．

第5章 速さと速度

到達目標
1. 速さと速度の違いについて説明できる.
2. 平均の速さと瞬間の速さについて説明できる.
3. 距離と速度,時間を関係づけることができる.

考えてみよう
皆さんは普段どのくらいの速さで歩いているでしょうか.人間の歩く速さはおよそ時速4 km (4 km h^{-1}) です.これは,1時間に約4 km 移動できるということを表しています.では,身近な乗り物の速さはどうでしょうか.自動車は 60 km h^{-1},新幹線は 300 km h^{-1} です.音速(空気中)は 340 m s^{-1} なので時速に換算すると 1224 km h^{-1} になります.このように,速さが大きくなると,一定の時間に移動できる距離が長くなるということがわかります.

5・1 速さと速度

速さ v は,移動距離を Δx [m],移動に掛かった時間を Δt [s] とすると,

$$v = \frac{\Delta x}{\Delta t} \tag{5・1}$$

で求めることができる*.単位は m s^{-1} である.物理では,速さと速度を使い分けている.**速度**はベクトル量で,大きさに加えて,向きをもつ.右向きを正とすると,右向きに動いている物体の速度は正の値を,左向きに動いている物体の速度は負の値をとる.速度に絶対値を付けたもの ($|v|$) が**速さ**であり,つねに正か 0 の値をとる.速さはスカラー量である.

* Δ(デルタ)は,物理量の変化量を表す記号で,(変化後の物理量)−(変化前の物理量)を表す.Δx は位置の変化量であるため,変位ともいう.

5・2 等速度運動

速度が一定の運動を**等速度運動**または**等速直線運動**という.このときの一定の速度を v_0,移動した時間を Δt,移動距離を Δx とすると,式 5・1 より $v_0 = \Delta x/\Delta t$ なので,

$$\Delta x = v_0 \Delta t \tag{5・2}$$

となる.

図 5・1 は速度($v_0 > 0$ のとき)と時間の関係を表したグラフで,このようなグラフを **v–t グラフ**という.時刻 t_1 から t_2 の間(時間 Δt)の間に移動した距離 Δx は,(グラフの縦軸方向の長さ v_0)×(横軸方向の長さ Δt)となり,■ 部分の面積に相当する.このように,**移動距離は v–t グラフの面積で表す**こともできる.

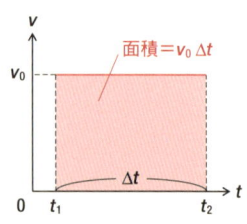

図 5・1 等速度運動のグラフ　横軸に時間,縦軸に速度をとったグラフの面積は移動距離になる.

5・3 平均の速度と瞬間の速度

つぎに,速度が一定でない場合を考えてみよう.自宅を原点 (0) にとり,学校に向かって x 軸をとる.途中に A,B,C 地点がそれぞれ自宅から x_A, x_B, x_C

第5章 速さと速度　17

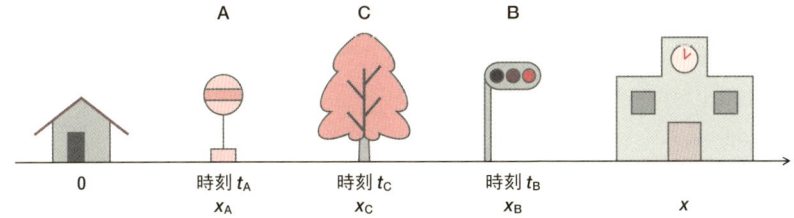

図 5・2 時間による位置の変化　運動は x 方向のみ

の距離にあり（図5・2），A～C地点の位置は x_A～x_C の座標を使って表せる．

自宅から学校へ向かう方向を正の方向とし，自宅を出発してから t_A 秒後にA地点を通過し，t_B 秒後にB地点を通過した．自宅を出発してから学校に着くまでの時間と位置の関係を表したグラフ（x–t グラフという）を図5・3に示す．

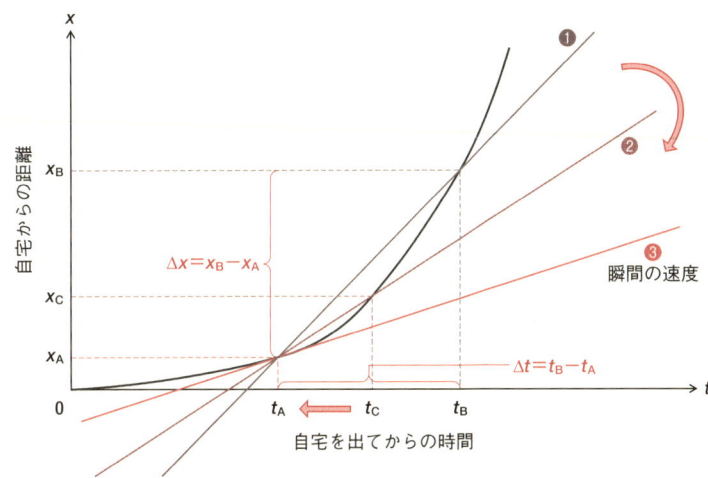

図 5・3　x–t グラフ　自宅から学校までの時刻 t と距離 x の関係が━の曲線の場合，A地点からB地点までの平均の速度は直線❶の傾きとなる．また，A地点からC地点までの平均の速度は直線❷の傾きとなり，C地点をA地点に近づけていくとA地点での瞬間の速度を求めることができる．A地点を通過する瞬間の速度は直線❸の傾きとなる．

ここで，A地点を通過してからB地点に到着するまでの運動を考える．AからBまでの速度は式5・1を用いると

$$v = \frac{\Delta x}{\Delta t} = \frac{x_B - x_A}{t_B - t_A} \tag{5・3}$$

向きは正の方向なので，正の値をとる．しかしながら，実際は速くなったり遅くなったりするので，この速度はAからBまでの平均の速度 $\bar{v}$ である．$\Delta x/\Delta t$ は x–t グラフ中では直線の傾きを与えるため，平均の速度 $\bar{v}$ の値は図5・3の点Aと点Bを結んだ直線❶の傾きになる．

つぎに，A地点に少し近いC地点を考える．C地点を通過する時間を t_C 秒後とすると，AからCまでの平均速度 $\bar{v}$ は，

$$\bar{v} = \frac{\Delta x}{\Delta t} = \frac{x_C - x_A}{t_C - t_A} \tag{5・4}$$

となり，直線❷の傾きとなる．

ここで，CがAに非常に近くなったらどうなるだろうか．このとき，AからCに着くまでに掛かる時間 Δt はほとんど0となり，Aでの一瞬の間，すなわちAでの瞬間とみなすことができる．これは，式5・3の平均速度を考えたときの移動時間 Δt を0に近づけるという極限で表すことができ，Aでの瞬間の速度は下式のようになる[*1]．

$$v_A = \lim_{\Delta t \to 0} \frac{\Delta x}{\Delta t} \qquad (5 \cdot 5)$$

グラフではこの値は t_A での**接線**（直線❸の傾き）となる．図5・3でわかるように，Aからの移動時間が短いほど，すなわちAを通過する時刻（t_A）に近づけば近づくほど，直線の傾きが直線❶→直線❷→直線❸というように接線に近づいていく．

瞬間の速度 v は数学的には次式で与えられ，**速度 v は位置 x を時間 t で微分する**ことで求められる[*2]．

$$v = \lim_{\Delta t \to 0} \frac{\Delta x}{\Delta t} = \lim_{\Delta t \to 0} \frac{x(t + \Delta t) - x(t)}{\Delta t} = \frac{\mathrm{d}x}{\mathrm{d}t} \qquad (5 \cdot 6)$$

[*1] 自動車などに付いている速度計は，つねに針が動いていることからもわかるように，その瞬間の速度を表示している．

[*2] $\frac{\mathrm{d}x}{\mathrm{d}t}$ は，0に限りなく近い x の変化量（$\mathrm{d}x$）を，0に限りなく近い t の変化量（$\mathrm{d}t$）で割ったものを表す微分記号の一つ．このほかの微分記号の書き方には，y'，$f'(x)$ などがある．

やってみよう

▶ 100 m を 8.0 秒で走ったときの平均の速さを求めてみよう．

◀ 100 m を走っている間はずっと同じ速さで走っているわけではないので，求まるのは平均の速さとなる．移動距離 $\Delta x = 100$ m で，移動時間は $\Delta t = 8.0$ s であるから，平均の速さは，

$$\bar{v} = \frac{\Delta x}{\Delta t} = \frac{100}{8.0} = 12.5$$

よって，13 m s^{-1} となる[*3]

[*3] 問題文での有効桁数は2桁なので，求めた 12.5 m s^{-1} の3桁目の5を四捨五入して丸めた値がこの場合の速さとなる．詳しくは，本シリーズ5の"薬学の基礎としての数学・統計学"を参照のこと．

薬学への応用

第2章の"薬学への応用"で記したように，薬の科学の中心であるエネルギーの一つの柱が力であり，その源が加速度です．第5章〜第8章で，速度と，速度の時間変化である加速度，運動方程式，運動量を学びましょう．また，薬の安定性や，体の中での薬の変化を知るためには，速度の考え方（"何か"÷時間，すなわち"何か"の時間微分が"何か"の速度となる）が，とても重要になります．

演習問題

1. $t_1 = 2.00$ s のとき $x_1 = 1.00$ m を通過した自動車が，$t_2 = 6.00$ s のとき $x_2 = 9.00$ m を通過した．$t = 2.00 \sim 6.00$ s の間の自動車の平均の速度 $\bar{v}$ を求めよ．

2. $t_1 = 2.0000$ s のとき $x_1 = 1.0000$ m を通過した自動車が 0.0200 s 後に，$x_2 = 1.0201$ m を通過した．このとき自動車の平均の速度 $\bar{v}$ を求めよ．

3. 直線の道路を，$t = 0$ s のとき $x = 0$ m の位置から動き出した自動車の位置が，$x = (1/4)t^2$ で与えられるとき，$t = 2.00$ s の瞬間の自動車の速度 v を求めよ．

第6章 加　速　度

到達目標
1. 加速度について説明できる.
2. 等加速度運動において，速度と位置，時間を関係づけることができる.
3. 物体の落下運動について，速度と位置，時間の関係を応用することができる.

考えてみよう　電車が時刻表通りに運行できるのはなぜでしょうか．また，日食や月食が起こる日時は，どうして予想できるのでしょうか．それは，速度や位置が時間の関数で表されるからです．つまり，任意の時刻にその物体の速度や位置がどうなっているかを計算で求めることができるのです．そのためには，初めの位置と速度の他に，速度の時間変化を表す加速度がわかっている必要があります．本章では，一定の加速度で運動する物体の運動について考えてみましょう．

6・1　平均の加速度と瞬間の加速度

　第5章で示したように，運動している物体の瞬間の速度は，x–t グラフの接線の傾きや，位置 x の微分で求めることができる．x 方向に運動している物体があり，その運動方向にA地点とB地点があるとする．A地点とB地点における物体の速度を v_A, v_B とするとき，A地点からB地点に移動する間にどのくらい速度が変化したかを表すのが**加速度**であり，v_A より v_B が大きければ加速，小さければ減速となる．加速度についても速度と同様に，運動方向を正とすると，加速していれば正の値を，減速していれば負の値をとる[*1]．減速の場合は，逆方向に加速していると考えてもよい．加速度もベクトル量である．

　加速度 a $[\mathrm{m\,s^{-2}}]$ は，速度が変化した時間 Δt $[\mathrm{s}]$ と，速度の変化量 Δv $[\mathrm{m\,s^{-1}}]$ から

$$a = \frac{\Delta v}{\Delta t} \tag{6・1}$$

で求められる．

　図6・1は，速度と時間の関係を表したグラフ（v–t グラフ）である[*2]．ここで，A地点からB地点までの加速度は

$$\bar{a} = \frac{\Delta v}{\Delta t} = \frac{v_B - v_A}{t_B - t_A} \tag{6・2}$$

となり，グラフ中の直線❶の傾きとなる．したがって，$\bar{a}$ は**平均の加速度**を表す．では，時間間隔 Δt を短くしたらどうなるだろうか．今度は**瞬間の加速度**となり，数学的には

$$a = \lim_{\Delta t \to 0} \frac{\Delta v}{\Delta t} = \lim_{\Delta t \to 0} \frac{v(t+\Delta t) - v(t)}{\Delta t} = \frac{dv}{dt} \tag{6・3}$$

という極限で与えられる．A地点（時刻 t_A）での瞬間の加速度はグラフ中の直線❷の傾きとなる．すなわち，**加速度は速度 v を時間 t で微分することで求め**

加速度：加速度は，"力"および"運動"と結びついている．本章では，加速度と速度，位置の関係に重点を置き，力と加速度の関係は，第7章で詳しく学ぶ．

[*1] x 方向の運動の場合，右向きが正，左向きが負となる．

[*2] 図5・3は x–t グラフだった．比べてみよう．

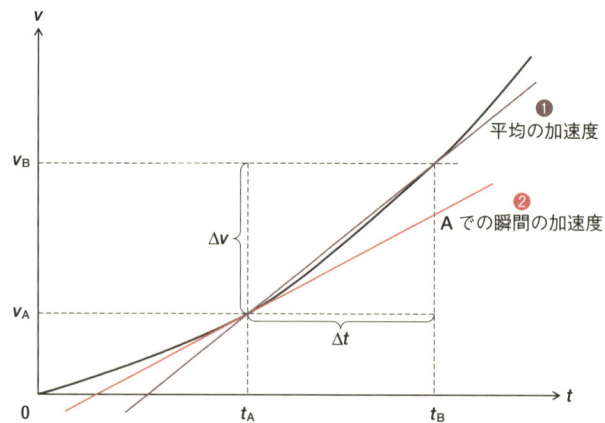

図 6・1 *v–t* グラフ　各時刻 *t* における速度 *v* が―の曲線の場合，t_A から t_B までの平均の加速度は直線 ❶ の傾きになる．また，t_A における瞬間の加速度は直線 ❷ の傾きとなる．等速度運動（図 5・1）では傾きが 0（横軸に平行）であり，加速度が 0 となることがわかる．

*1 速度 *v* は，位置 *x* を時間 *t* で微分したものだから，加速度は *x* を *t* で 2 回続けて微分したもの（二階導関数とよぶ）である．

$$a = \frac{dv}{dt} = \frac{d}{dt}\left(\frac{dx}{dt}\right)$$
$$= \frac{d^2x}{dt^2}$$

れる*1．

6・2 等加速度運動

今度は一定の大きさで加速している場合を考えよう．時刻 $t=0$ で速度 v_0 から時刻 t で速度 v へ変化したとき，式 6・2 より

$$a = \frac{v - v_0}{t} \tag{6・4}$$

よって，

$$v = v_0 + at \tag{6・5}$$

となる．

つぎに，加速度運動しているときの移動距離について考えてみよう．*v–t* グラフの面積は移動距離を表していることを思いだそう（☞ §5・2）．式 6・5 の時刻 0〜*t* の移動距離は図 6・2 の ■ 部分の台形面積で表される．

$$x = \frac{1}{2}(v_0 + v_0 + at)t = v_0 t + \frac{1}{2}at^2 \tag{6・6}*2$$

また，式 6・5 から $t = (v - v_0)/a$ であり，これを式 6・6 に代入し整理すると，

$$v^2 - v_0^2 = 2ax \tag{6・7}$$

という関係式が導かれる．

*2 式 6・6 で $a=0$ のとき，すなわち加速していないときは，$x = v_0 t$ となり，式 5・2 で $t=0$ から始まる等速度運動の場合（$\Delta t = t$, $\Delta x = x$）と同じになる．

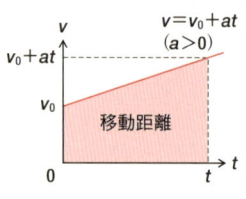

図 6・2　等加速度運動の *v–t* グラフ　一定の加速度で運動している物体の移動距離は *v–t* グラフの面積となる．加速度が 0 であるときは等速度運動であるから，長方形になり図 5・1 と同じになる．

6・3 重力による物体の落下

空気による抵抗が無視できる場合，重力という力の下では重力加速度 $g = 9.8\,\mathrm{m\,s^{-2}}$ という大きさで物体は落下していく．落下していく物体の運動は，落下方向を *y* 軸にとると，加速度 $a=g$ として

第 6 章 加 速 度　21

t 秒後の速度は式 6・5 より　　　$v = v_0 + gt$　　　(6・8)

t 秒後の位置は式 6・6 より　　　$y = v_0 t + \dfrac{1}{2} g t^2$　　　(6・9)

である．初速度 v_0 がわかれば，任意の時刻 t での落下していく速度と位置をこれらの式により求めることができる．なお，初速度 $v_0 = 0$ のときを **自由落下** という．

6・4　鉛直投げ上げ運動

ボールを真上に初速度 v_0 で投げ上げたときの運動を考えよう（図 6・3）．ボールには重力が働いているので，ボールは減速しながら最高点で速さ 0 となり，その後は，自由落下と同様に加速しながら落下してくる．上向きに y 軸をとると*，重力は下向きに働くので，式 6・5，6・6 で加速度 $a = -g$ として，

t 秒後の速度は　　　$v = v_0 - gt$　　　(6・10)

t 秒後の位置は　　　$y = v_0 t - \dfrac{1}{2} g t^2$　　　(6・11)

となる．鉛直投げ上げ運動の v–t グラフを図 6・4 に示す．

* §6・3 では下向きを正としているが，ここでは上向きを正としていることに注意する．

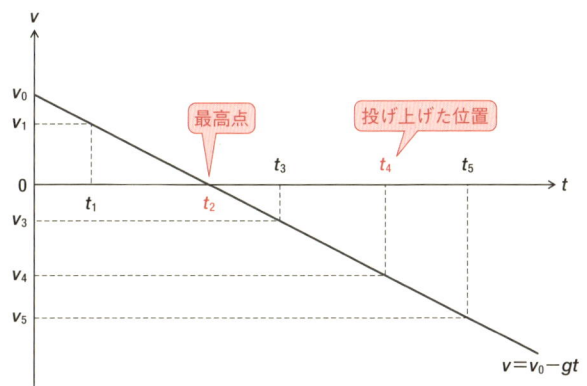

図 6・4　鉛直投げ上げ運動の v–t グラフ　　$t=0$ から t_2 までの三角形の面積と t_2 から t_4 までの三角形の面積は等しくなる．t 軸より上の部分の面積は正，下の部分の面積は負なので，t_4 までの面積の合計は 0 になる．これは投げ上げた位置に戻ったことを意味する．

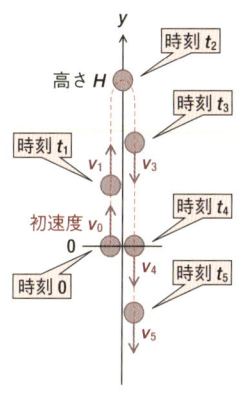

図 6・3　鉛直投げ上げ運動　　v_0 で投げ上げられたボールは，重力加速度によって減速し，高さ H に達したところで $v=0$ となる．その後は重力加速度により加速しながら落下していく．

6・5　水 平 投 射

ボールを高い所から水平に投げ出すと，ボールには重力が働くため，鉛直方向は自由落下と同じように落下するが，水平方向には力が働かないため等速度運動する．その結果，水平に投げ出されたボールは放物運動する（図 6・5）．

ボールを投げ出した点を原点とし，水平右方向に x 軸，鉛直下向きに y 軸をとり，ボールの運動を x 方向と y 方向に分けて考える．それぞれの方向の物体の加速度は，

x 方向の加速度　　　$a_x = 0$　（等速度運動）　　　(6・12)

y 方向の加速度　　　$a_y = g$　（自由落下）　　　(6・13)

である．また，t 秒後の x 方向の速度を v_x，y 方向の速度を v_y とすると，x 方向は

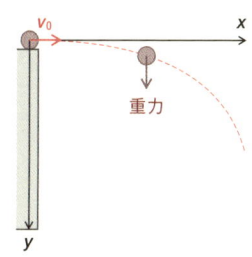

図 6・5　水平投射運動　　水平に物体を投げ出すと，水平方向には力が掛からないので等速で運動するが，鉛直方向は重力加速度で加速する．鉛直方向に初速度はないので，自由落下と同じように落ちていく．

初速度 $v_{0x}=v_0$ であり，y 方向の初速度は $v_{0y}=0$ であるから，

x 方向の速度　　　$v_x = v_0$　（等速度運動）　　　(6・14)

y 方向の速度　　　$v_y = gt$　（等加速度運動）　　(6・15)

である．さらに，t 秒後の x 方向，y 方向の位置を x, y とすると，

$$x = v_0 t \tag{6・16}$$
$$y = \frac{1}{2}gt^2 \tag{6・17}$$

となる．

やってみよう

▶図6・3, 図6・4の鉛直投げ上げ運動について，つぎの値を求めてみよう．
 (a) 最高点に達する時刻 t_2
 (b) 最高点の高さ H

◀小球は初速度 v_0 から単位時間に $-g$ ずつ速度が減速する．速度 $v>0$ では小球は上向きに運動し，速度 $v<0$ では下向きに運動する．この運動の向きが変わるところが最高点であり，速度 $v=0$ となる．最高点に達する時刻を t_2 とすると，

$$v = v_0 - gt_2 = 0 \quad \text{よって} \quad t_2 = \frac{v_0}{g}$$

時刻 t_2 での位置が最高点の高さであるから，

$$H = v_0 t_2 - \frac{1}{2}gt_2^2 = \frac{v_0^2}{2g}$$

演習問題

1. 図6・6のように，初速度 v_0 で水平方向から θ の方向に物体を投げる（**斜方投射**）．投げ出した点を原点とし，水平右方向に x 軸，鉛直上向きに y 軸をとる．

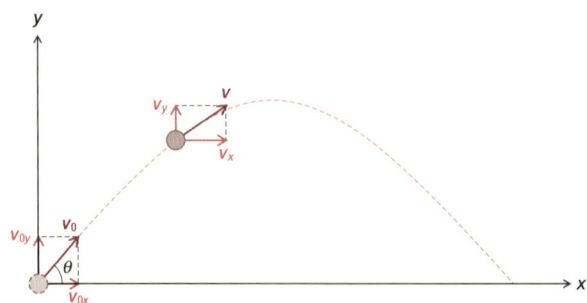

図6・6 斜方投射運動　　斜めに物体を投げ出すと，水平方向には力が掛からないので等速で運動するが，鉛直方向には重力が掛かるため重力加速度で速度が変化する．鉛直方向には初速度があるので，図6・3の鉛直投げ上げ運動と同様に運動する．

 (a) 初速度を x 方向と y 方向に分けなさい．
 (b) t 秒後の x 方向の速度と y 方向の速度を求めよ．
 (c) t 秒後の x 方向の移動距離と y 方向の移動距離を求めよ．
 (d) 物体はどんな軌跡を描いて飛んでいくか．

ヒント：運動を x 軸方向と y 軸方向に分けて考え，x 方向には力が働かないが y 方向には重力が働くことに注意する．

発展 積分で考えてみよう！

v–t グラフ（図6・7）において，0〜t の間を小さい時間で分け，一つの間隔を Δt とする．この短い時間間隔 Δt の間は等速で運動しているとすると，

- 0〜t_1 の間に移動した距離　　　$x_1 = v(t_0)\Delta t$
- t_1〜t_2 の間に移動した距離　　　$x_2 = v(t_1)\Delta t$
- t_2〜t_3 の間に移動した距離　　　$x_3 = v(t_2)\Delta t$
  ⋮
- t_{n-1}〜t_n の間に移動した距離　　$x_n = v(t_{n-1})\Delta t$

よって，0〜t の間に移動した距離は

$$x_1 + x_2 + x_3 + \cdots + x_n = \sum_{i=0}^{n-1} v(t_i)\,\Delta t$$

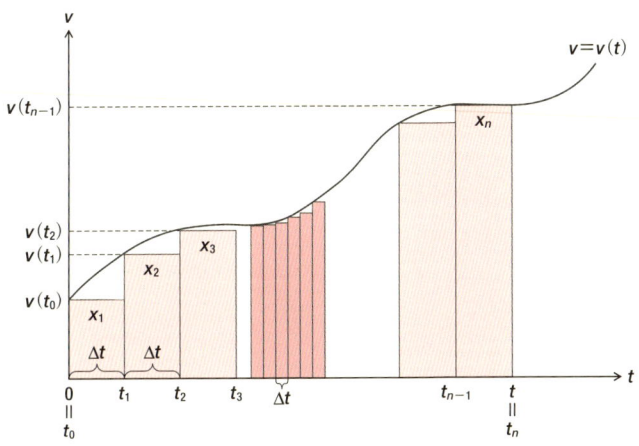

図6・7　v–t グラフの $x=v(t)$ と x 軸に挟まれた部分の面積　　$v=v(t)$ で $t=t_0=0$ から $t=t_n$ までの面積は，t 軸の区間を細く区切り，その小さな区間 Δt とそのときの v の値による長方形の面積の和で近似できる．t の区切りを小さくすると，より正確な面積の値に近づく．

ここで，$\Delta t \to 0$，すなわち時間間隔を小さくすると，図6・7の細い柱（■）のようになり，前よりも隙間が無くなっていくことがわかる．このように，"幅を小さくして和をとる" というのは数学的には積分であり，

$$\lim_{n\to\infty} \sum_{i=0}^{n} v(t_i)\,\Delta t = \int_0^t v(t)\,dt$$

となり，0〜t までの移動距離は速度 v を t で積分することで求めることができる．
また，式6・5を t で積分すると式6・6になることからも，速度を時間で積分すると距離が求まることがわかる．

第7章 力と運動

到達目標
1. ニュートンの運動方程式について説明できる．
2. 慣性の法則について説明できる．
3. ニュートンの運動方程式を物体の落下運動について応用することができる．

考えてみよう
氷の上で物体を滑らせると，手を離した後も物体は滑り続けます．これが慣性の法則です．物体には"今の状態を変えたくない"という性質があります．つまり，動いているものは今の動いている状態を変えたくない，静止しているものは止まったままの状態でいたい，という性質で，これを"慣性"といいます．また，"どのくらい変えたくないか"という慣性の大きさを与えるのが質量（慣性質量ともいう）です．質量が大きいものほど動かすのは大変なように，質量が大きいということは，静止した状態から運動の状態に変わりたくない性質が強いことを示しています．

7・1 運動の法則

加速度に関して，

- 大きな力を加えるほど，加速度は大きくなる
- 質量が大きい物体ほど，加速しにくい

ということが知られている．これを式にすると

$$ma = F \tag{7・1}$$

となる．

これを**ニュートンの運動方程式**といい，力 F と質量 m，加速度 a の関係を表している．力 F はこの物体に働く力の合力とする．この式から，

- 物体に力 F を加えると，加速度 a が生じる
- 加速度 a で動いている物体には必ず力 F が働いている

ということがわかる．

質量 m の物体に働く重力について運動方程式を立ててみよう（図 7・1）[*1]．

運動方程式を立てる場合，軸の向きを決める必要がある[*2]．図 7・1 の場合，下向きを正としており，重力という力 F によって生じる加速度を a とする．重力は $F = mg$ となることから運動方程式 7・1 に代入すると，

$$ma = mg \tag{7・2}$$

よって，$a = g$ となる．したがって，重力という力によって引っ張られる物体に生じる加速度は g（重力加速度）であるということがわかる．

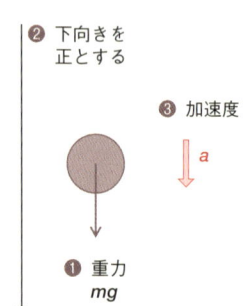

図 7・1 運動方程式を立てるための図の書き方

[*1] 図 7・1 では，空気抵抗がない条件での運動を考えている．

[*2] 一般に，軸の向きは，物体が運動する向きや，力や加速度の向きと同じにするとよい．軸の向きを決めることで，ベクトル量である力や加速度の向きが正か負かがわかりやすくなる．

7・2 慣性の法則

物体には同じ運動を保とうとする性質がある．この性質を**慣性**という[*1]．たとえば，氷の上で滑っている物体は，外から力を加えられていないので，ニュートンの運動方程式（式7・1）において$F=0$とすると，$a=0$，すなわち等速で運動をし続ける．

では，運動を変化させるためにはどうしたらよいだろうか．それは力を加えることである．物体に力を加えると加速度が生じ，物体の運動状態を変えることができる．

7・3 複数の力が働いている場合の運動方程式

物体が空気中を落下すると，物体は空気抵抗を受ける．したがって，空気中の物体には，下向きに重力mg，上向きに空気抵抗力Rが働く（図7・2）．重力が働く向き（下向き）をy軸とすると，加速度aも下向きが正となり，運動方程式は$ma=mg-R$となる．したがって，加速度aは

$$a = g - \frac{R}{m} \quad (7・3)$$

となる．

式7・3より，$R>0$なら，落下していく物体の加速度の大きさは重力加速度gより小さくなり，自由落下よりゆっくり落下することがわかる．

図7・3は，空気抵抗がないとき（自由落下）と，空気抵抗があるときの速度の変化を示している．グラフ中の直線（——）は空気抵抗がない場合を示しており，速度vが時間とともにどんどん大きくなるのに対し，空気抵抗がある場合には，十分に時間が経つと一定の値（v_f）に近づいていくことがわかる[*2]．

たとえば，上空2 kmに雨雲があり，雨滴が落ちてくる場合を考えてみよう．空気抵抗がないとすると，地上に達するときの速度vは第6章"やってみよう"の最後の式を変形して

$$v = \sqrt{2gh} = \sqrt{2\times 9.8\times 2000} \approx 200 \, \mathrm{m\,s^{-1}}$$

となる．この速度で雨が降ってきたら，傘を差しても貫通し，身体に穴が開くだろう．しかし，空気抵抗により，実際には$7\sim 8\,\mathrm{m\,s^{-1}}$ぐらいになっている[*3]．

やってみよう

▶つぎの値を求めてみよう．

(a) 滑らかな水平面上にある質量2.0 kgの物体に，水平右向きに10 Nの力を加えたときに物体に生じる加速度a_1．

(b) 質量1.0 kgの物体を糸につるし，糸を14.5 Nの力で上向きに引き上げたときに物体に生じる加速度a_2．

◀(a)では，右向きを正の向きとすると，運動方程式$ma=F$より，$2.0\times a_1=10$であるから，$a_1=5.0\,\mathrm{m\,s^{-2}}$．$a_1>0$なので，求める加速度は右向きに$a_1=5.0\,\mathrm{ms^{-2}}$となる．

[*1] 慣性の大きさは，(慣性)質量に比例する．本章冒頭の"質量が大きい物体ほど，加速しにくい"は，このことを表したものでもある．

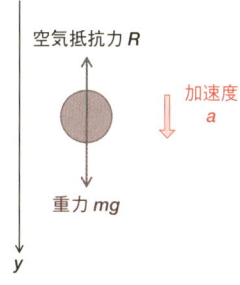

図7・2 空気中の落下運動　空気中を重力により落下する物体には，空気抵抗力Rが，落下する方向（重力の方向）と逆向きに加わる．

[*2] 図7・3より，空気中の落下運動では空気抵抗のため，十分な時間の経過後には等速での運動となることがわかる．このときの速度が終端速度で，加速度が0となるときの速さである．

[*3] 空気があるおかげで地上に達するときには終端速度になっている．このことから，空気は私たちにとって呼吸という生物的な活動のためだけでなく，物理的に安全に生活する上でも大切であることがわかる．

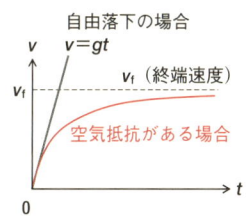

図7・3 空気中を落下する物体の速度の変化　Rが速度に比例する（$R=kv$）と考えた場合，十分に時間が経つと，$v=v_f=mg/k$となる．

(b) では，鉛直上向きを正の向きとすると，物体に働く重力の大きさは下向きに $F=mg=1.0\times9.8$ となる．運動方程式 $ma=F$ より，$1.0\times a_2=14.5-1.0\times9.8$ から，$a_2=4.7\,\mathrm{m\,s^{-2}}$．$a_2>0$ なので，求める加速度は鉛直上向きに $a_2=4.7\,\mathrm{m\,s^{-2}}$ となる．

演習問題

1. 傾き θ の粗い面の斜面に質量 m の物体を載せたところ，物体は斜面に沿って滑り始めた．物体と斜面との間に動摩擦が働くとき，物体の加速度を求めよ．ただし，動摩擦係数を μ' とする．

ヒント：運動を斜面方向（x 方向）と斜面に垂直な方向（y 方向）に分けて考える．

発展　慣性モーメント

物体には"今の状態を変えたくない"慣性という性質があることを第7章で説明した．この性質は回転している物体にもある．つまり，回転しているものはそのまま回転し続けようとし，回転していないものはそのまま回転しないでいようとする．回転運動において，"どのくらい変えたくないか"という慣性の大きさを与えるものを，**慣性モーメント**という．慣性モーメントが大きいほど，静止しているものは回転させにくく，回転しているものは静止させにくい．慣性モーメントは，回転軸に対する質量の分布に関係する．質量が回転中心から離れているほど慣性モーメントは大きくなる．

たとえば，自転車を例にして考えてみよう．

一般に自転車のタイヤは円の外側にチューブが付いているため慣性モーメントは大きい．したがって，静止している状態から走りだすまでは大変だが，走り出して回転運動をし始めると，その状態を維持するのは楽なのである．

また，回転している物体の回転の状態を変えるには，どうすればいいだろうか．並進運動の状態を変化させるためには力を加えればよいのだが，回転している独楽に力を加えると，独楽は弾かれて場所を変えるだけである．回転運動している物体の運動状態（回転の速度など）を変えるために加えるものが，第4章で学習した力のモーメントなのである．

第8章 運動量と力積

到達目標
1. 運動量と力積を関係づけることができる.
2. 運動量保存則について説明できる.
3. 反発係数について説明できる.

考えてみよう
時速 60 km で走るトラックと,時速 10 km で走る自転車の運動を比べる物理量にはどのようなものがあるでしょうか. 本章では,トラックと自転車の運動の激しさを表す量として運動量を導入します. 運動の激しさとは,ぶつかったときの衝撃の大きさというイメージです. 同じトラック（質量が同じ）でも速度が大きい方が衝撃が大きく,同じ速度で走っていても自転車よりもトラックの方が（質量が大きい方が）衝撃が大きくなることは容易に想像できるでしょう. これを数値で表したのが運動量です. 運動量はベクトル量で速度と同じ向きをもち,単位は kg m s^{-1} です.

8・1 運動量変化と力積との関係

速度 v で運動する質量 m の物体が Δt の間に力 F を受けて速度 v' になったとする. 加速度は $a=(v'-v)/\Delta t$ であるから, ニュートンの運動方程式 $ma=F$ より,

$$m\frac{v'-v}{\Delta t} = F \qquad (8\cdot1)$$

式 8・1 を変形して,

$$mv' - mv = F\Delta t \qquad (8\cdot2)$$

となる. 左辺の二つの項は, いずれも**質量と速度の積**で, これを**運動量**という[*]. 運動量は, 速度と同じ向きをもつベクトル量であり, 単位は kg m s^{-1} である.

式 8・2 の左辺は, 衝突前後での運動量の変化量を示している. 一方, 右辺は力と時間の積で, これを**力積**という. 式 8・2 より, 運動量と力積は, **運動量の変化量は受けた力積に等しい**という関係にあることがわかる.

運動している物体が別の物体にぶつかるとき, その物体から力を受けることからも, 運動量は力と関係していることがわかるだろう. たとえば, ゴルフで打ったボールの速度 v' を大きくする方法を考えてみよう（図 8・1）.

ボールは最初静止しているが（$v=0$）, クラブによって力 F を加えられると速度 v' で飛んでいくとする. 運動量と力積の関係より $mv'=F\Delta t$ であるから,

$$v' = \frac{F}{m}\Delta t \qquad (8\cdot3)$$

となり, v' を大きくするためには $F\Delta t$ を大きくすればよい. すなわち, ボールを強い力 F で打ち, さらにクラブとボールとの接触時間 Δt を長くすれば, ボールは速く飛んでいくことがわかる.

[*] 運動量は一般に p で表す. 質量 m の物体では,

$$p = mv$$
$$\Delta p = m\Delta v$$

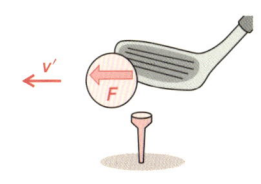

となる.

図 8・1 ゴルフのショット 止まっている（$v=0$）質量 m のボールがクラブから力 F を加えられて, 速度 v' で動き出す.

*1 面積は積分で表すことができるので，力積の大きさを I とすると，図 8・2 の の部分の面積は
$$I = \Delta p = \int_{t_1}^{t_2} F dt$$
となる．

*2 衝突中の二つの物体には，作用反作用の法則が成り立っている．

F (a) 力 F が一定の場合

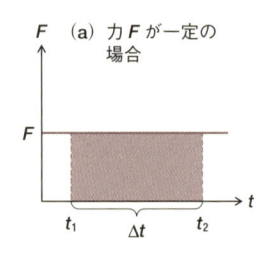

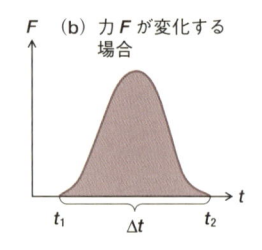

F (b) 力 F が変化する場合

図 8・2 *F–t* グラフと力積　力積（＝運動量の変化）の大きさは，図中の の部分の面積になる．

*3 ある過程を通して物理量が変化しないとき，その物理量は"保存されている"という．

力積の F と Δt: 高いところから飛び下りるとき，膝を曲げて着地するのは，曲げることで着地に掛かる時間（足と地面との接触時間 Δt）を長くとって，力積の F を小さくしていることになる．こうして，身体に掛かる力 F は小さくなり，身体への衝撃を小さくすることができる．

力 F と時間 t のグラフを考えると，力積は図 8・2 のグラフで囲まれた部分の面積となる．(a) は物体の受ける力が一定の場合であるが，サッカーボールを蹴る場合などは，ボールが受ける力は時間とともに (b) のように変化する．(b) の場合も，ボールが受けた力積の大きさはグラフで囲まれた部分の面積で表せる*1．

8・2 運動量保存則

二つの物体が衝突する場合を考える．速度 v_1 で運動する質量 m_1 の物体 A が，速度 v_2 で運動する質量 m_2 の物体 B に，同一直線上を動いてきて衝突した*2（図 8・3）．衝突していた時間は Δt で，衝突中は互いに力 F を及ぼしあい，衝突後はそれぞれ速度 v_1', v_2' になったとする．それぞれの物体の運動量と力積の関係は，

物体 A: $\quad m_1 v_1' - m_1 v_1 = -F \Delta t \quad (8・4)$

物体 B: $\quad m_2 v_2' - m_2 v_2 = F \Delta t \quad (8・5)$

であるから，式 8・4 と式 8・5 より

$$m_1 v_1 + m_2 v_2 = m_1 v_1' + m_2 v_2' \quad (8・6)$$

が得られる．式 8・6 の左辺と右辺の項は，

左辺 ＝ A の衝突前の運動量 ＋ B の衝突前の運動量 ＝ 衝突前の全運動量
右辺 ＝ A の衝突後の運動量 ＋ B の衝突後の運動量 ＝ 衝突後の全運動量

であるから，衝突前の全運動量と衝突後の全運動量が等しいということになる．このことは，物体の運動量の和は衝突の前後で一定に保たれる，すなわち保存される（**運動量保存則**）*3 ということである．

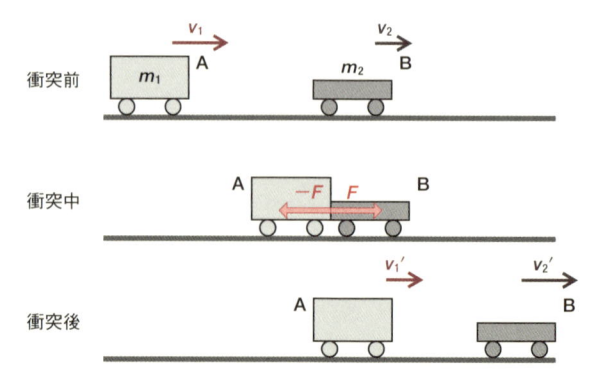

図 8・3 **運動量保存則**　運動している物体 A と B が衝突すると，衝突前に A と B がもっている運動量の和 $m_1 v_1 + m_2 v_2$ と衝突後に A と B がもっている運動量の和 $m_1 v_1' + m_2 v_2'$ は等しくなる．

8・3 反発係数

二つの物体の跳ね返りの程度を表すものとして，**反発係数**がある．衝突前の物

体 A, B の速度を v_1, v_2，衝突後の速度を v_1', v_2' とすると，反発係数 e は，

$$e = -\frac{v_1' - v_2'}{v_1 - v_2} \quad (8\cdot7)$$

で表される．反発係数 e の値は，$0 \leqq e \leqq 1$ の範囲にあり，二つの物体の材質や形状で決まり，衝突する速さにはよらない．

$e=1$ のとき，衝突の前後で二つの物体の速度差は変わらない．このような場合を**弾性衝突**という．$e<1$ の場合を**非弾性衝突**といい，特に衝突後に二つの物体が一体となって運動する場合（$e=0$）を**完全非弾性衝突**という．床や壁に垂直に衝突する場合，床や壁は動かないので $v_2 = v_2' = 0$ として考えればよい．また，斜めに衝突する場合には，衝突前後の速度を衝突する面に垂直な成分と平行な成分に分けて考える．垂直な成分は反発係数 e で跳ね返り，平行な成分は摩擦などの影響を受けなければ変化しない．

やってみよう

▶ 直線上を速さ $0.20\,\mathrm{m\,s^{-1}}$ で右向きに運動する質量 $2.0\,\mathrm{kg}$ の物体があるとき，つぎの値を求めてみよう．
　(a) この物体の運動量の大きさ p
　(b) この物体の進む方向に $1.6\,\mathrm{N}$ の力を 0.10 秒間加えた後の物体の速さ v

◀ (a) では，運動量＝質量×速度なので，$2.0 \times 0.20 = 0.40\,\mathrm{kg\,m\,s^{-1}}$ となる．
　(b) では，力を加えた後の運動量は $2.0 \times v$ なので，運動量の変化量は $2.0 \times v - 0.40$ となり，これが力積 1.6×0.10 に等しいから，$2.0 \times v - 0.40 = 1.6 \times 0.10$ より，$v = 0.28\,\mathrm{m\,s^{-1}}$．

演習問題

1. 右向きに速さ $1.0\,\mathrm{m\,s^{-1}}$ で進む質量 $20\,\mathrm{kg}$ の球 A と，左向きに $2.0\,\mathrm{m\,s^{-1}}$ の速さで進む質量 $15\,\mathrm{kg}$ の球 B が，反発係数 1.0 で正面衝突した．衝突後の A, B の速度を求めよ．

第 9 章　仕　　　　事

到達目標

1. 仕事について説明できる.
2. 仕事の原理を説明できる.

考えてみよう

仕事というとオフィスワークのような頭脳労働もありますが，物理でいう仕事とは完全な肉体労働，すなわち力仕事のことです．物体に力を加えて動かすとき，その力が"仕事をした"といいます．働きアリが餌を引っ張って巣に戻るとき，まさに仕事をしているのです．

9・1　仕　　事

一定の力 F [N] を受けている物体が，力の方向に距離 s [m] だけ移動するとき（図 9・1 a），力 F は仕事をした，物体は仕事をされた，という．仕事の大きさ W は，

$$W = Fs \tag{9・1}$$

である．ただし，力のうち，移動方向と同じ向きの成分のみが仕事をすることができる．力と移動の方向が異なるときは，どうなるだろうか．スーツケースを引いている場合を考えよう（図 9・1 b）．力は F の方向に加えられるが，移動は s の方向である．この場合，力 F を分解して移動方向の成分を求め，計算する．

$$W = F\cos\theta \cdot s = Fs\cos\theta \tag{9・2}$$

一般に，仕事はベクトルの内積を用いて表される．

$$W = \boldsymbol{F} \cdot \boldsymbol{s} \tag{9・3}$$

式 9・3 から，仕事の単位は N m であり，これを **J**（ジュール）と表す．なお力 $\boldsymbol{F}$ と $\boldsymbol{s}$ の移動方向が同じときには $\theta = 0$ となり，式 9・1 と一致する．

ベクトルの内積と外積：向きと大きさをもつベクトルの積には，**内積**と**外積**がある．二つのベクトル $\boldsymbol{A}, \boldsymbol{B}$ があり，それらのなす角度が θ のとき，内積は $\boldsymbol{A} \cdot \boldsymbol{B}$ で表し，$\boldsymbol{A} \cdot \boldsymbol{B} = AB\cos\theta$ となる．内積は**スカラー量**である．外積は $\boldsymbol{A} \times \boldsymbol{B}$ で表す．外積は**ベクトル量**で，大きさは，$|\boldsymbol{A} \times \boldsymbol{B}| = AB\sin\theta$ となり，平行四辺形の面積である．また，向きは，$\boldsymbol{A}, \boldsymbol{B}$ を隣あう2辺とする平行四辺形の面に垂直で，$\boldsymbol{A}$ から $\boldsymbol{B}$ へ右ねじを回したときの（$0 < \theta < 180°$），右ねじの進む方向である．ベクトルの外積は高校では学ばないが，力のモーメント（☞ § 4・1）は外積を用いて表すことができる．またフレミングの左手の法則（☞ § 24・3）はベクトルの外積の結果，得られるものである．

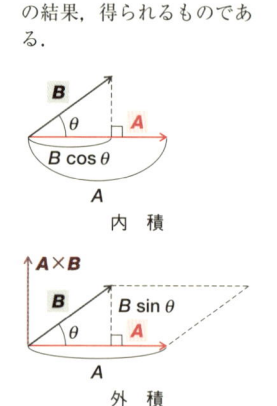

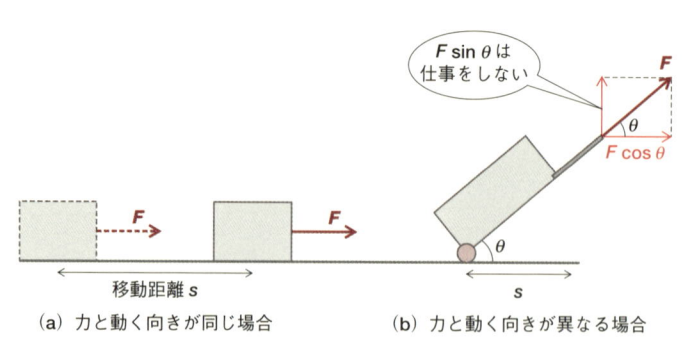

図 9・1　仕　事　（a）仕事は力と距離の積（$W = Fs$）で与えられる．（b）移動する方向と同じ方向の力の成分のみが仕事に関係する（$W = Fs\cos\theta$）．

9・2 仕事率

仕事は短時間で行った方が能率がよい．仕事の能率を**仕事率**[*1]といい，単位時間当たりに行われる仕事で表される．時間 t〔s〕に行われる仕事を W〔J〕とすると，仕事率 P は

$$P = \frac{W}{t} \tag{9・4}$$

である．単位は $\mathrm{J\,s^{-1}}$ であり，これを **W（ワット）**と表す．

*1 仕事率は，仕事〔エネルギー（☞ 第10章）〕÷時間の他に，電圧×電流でも与えられる（☞ §23・3）．電力の単位はこのWであり，これを時間について積分したもの（kWh，非SI単位，キロワット時と読む）は，仕事（エネルギー）の量を表している．

9・3 仕事の原理

地面から高さ h まで荷物を持ち上げるのに必要な仕事を二つの手段で考える（図9・2）．

- 真上に高さ h まで持ち上げるときに必要な仕事 W_1（図9・2a）： $F=mg$ の力で上向きに距離 h だけ移動させればよいので[*2]，必要な仕事 W_1 は

$$W_1 = mgh \tag{9・5}$$

*2 F は重力とつりあって動かないのでは？と思うかもしれないが，初速度だけ与えれば，つりあいのまま等速で（慣性の法則より）持ち上げることは可能．

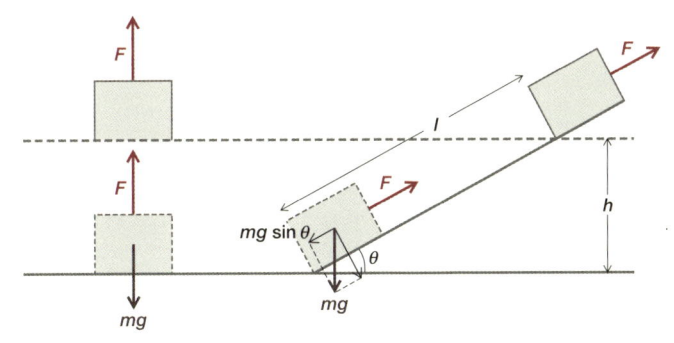

図 9・2 仕事の原理 （a）重力 mg に逆らって高さ h まで移動させるのに必要な仕事は mgh である．（b）斜めに持ち上げても，（a）と同じ高さ h まで移動させるのに必要な仕事は mgh である．

- スロープを用いて高さ h まで持ち上げるのに必要な仕事 W_2（図9・2b）： $F=mg\sin\theta$ の力で斜面に沿って距離 l だけ移動させればよい．$h=l\sin\theta$ より，$l=h/\sin\theta$ なので，必要な仕事 W_2 は，

$$W_2 = Fl = mg\sin\theta \cdot \frac{h}{\sin\theta} = mgh \tag{9・6}$$

式9・5，9・6より $W_1=W_2$ となり，いずれの方法も必要な仕事は mgh で，同じになる[*3]．すなわち，どんな傾きのスロープを用いても垂直に持ち上げたときの仕事に等しくなる．これを**仕事の原理**という．

*3 図9・2の(a)と(b)では，引っ張る力の大きさと移動する距離が違っている．引っ張る力の大きさは(a)＞(b)で，引っ張る距離は(a)＜(b)である．すなわち，強い力で短い距離を移動させる〔(a)の場合〕か，弱い力で長い距離を移動させるか〔(b)の場合〕の違いであり，どちらの方法をとっても必要な仕事は変わらない．

やってみよう

▶つぎの値を求めてみよう．

(a) 水平面上にある物体に，水平方向に 3.0 N の力を加えて力の向きに 2.0 m 移動させたとき，加えた力のした仕事 W_1．

(b) 質量 3.0 kg の物体を地面から 0.25 m の高さまで上向きに持ち上げたとき，加えた力のした仕事 W_2．

◀(a) では，加えた力と移動させた向きが同じなので，$W_1 = Fs = 3.0 \times 2.0 = 6.0$ J．

(b) では，物体に働く重力の大きさは $F = mg = 3.0 \times 9.8$ であるから，上向きに加える力の大きさも同じ大きさである．力を加えた向きと移動させた向きが同じなので，$W_2 = Fs = 3.0 \times 9.8 \times 0.25 = 7.35$，よって，7.4 J．

薬学への応用

本章で説明した力学的な仕事と薬は，一見，関係がなさそうですが，薬は自分自身の形を変えたり，相互作用する相手の形を変えたり，という仕事を，化学反応を通して行っています．

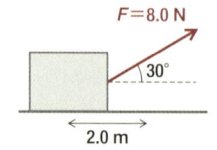

演習問題

1. 欄外図のように，水平面上にある物体に水平より 30° 上向きに 8.0 N の力を加え，物体を水平方向に 2.0 m 移動させた．このとき加えた力のした仕事を求めよ．

第10章 エネルギー

到達目標
1. 仕事とエネルギーを関係づけることができる．
2. 位置エネルギー，運動エネルギー，弾性エネルギーについて説明できる．
3. 力学的エネルギー保存則について説明できる．

考えてみよう
身の回りのエネルギーには，電気エネルギー，熱エネルギー，光エネルギー，化学エネルギーなどさまざまあり，しかもこれらは互いに関係しあっています．たとえば，火力発電所では燃料を燃やし熱を発生させることでタービンを回し，化学エネルギーをいったん熱エネルギーに変え，最後に電気エネルギーに変えています．また，電気は蛍光灯の光エネルギーにもなるし，ヒーターのように熱を発生させることもできます．このように，エネルギーはその形態を変えることができるとともに，エネルギーが変化するとき，エネルギーの総量は決して変わらないという性質をもっています．このエネルギーとは，いったい何なのでしょうか．

10・1 仕事とエネルギー

仕事をする能力をもっているとき，エネルギーをもっているという．仕事をするにはエネルギーを使い，仕事をされるとその分エネルギーを蓄えることができる．エネルギーがあれば，物体に力を加えて動かすことができる．エネルギーの単位は仕事と同じJである．

10・2 位置エネルギー

高さ h にある質量 m の物体のもつエネルギーを考えてみる（図 10・1）．質量 m 〔kg〕の物体を上向きに持ち上げる力を F 〔N〕とすると，$F=mg$ であり，移動した距離は h 〔m〕なので，人が物体にした仕事は

$$W = Fh = mgh \qquad (10\cdot 1)$$

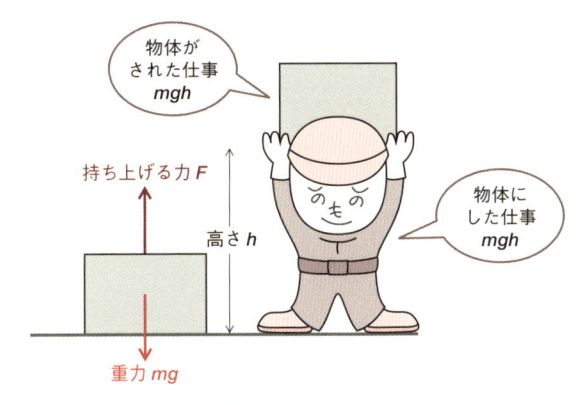

図 10・1 位置エネルギーと仕事の関係 質量 m の物体を高さ h まで持ち上げるのに必要な仕事は，高さ h の位置にある質量 m の物体の位置エネルギーに等しい．

*1 位置エネルギーのことを**ポテンシャルエネルギー**ともいう．力が働いている物体には，力の種類（重力やクーロン力（☞第20章））を問わず，力による位置エネルギーが必ず存在する．分子の世界では，原子間や分子間に働く力に基づく位置エネルギー（ポテンシャルエネルギー）がある．特に，原子間に働く力による位置エネルギーのことを**結合エネルギー**という．

位置エネルギーの例：水力発電は，ダムによって水をせき止め，高所にある水（大きな位置エネルギーをもつ）を低所に落下させることでタービンを回し，発電している．このとき，水のせき止められた高さと流れ落ちる水の質量に応じて，つくられる電気エネルギーの量は変化する．

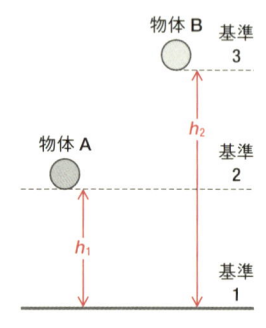

図 10・2 位置エネルギーと基準面　2点間の位置エネルギーの差は高さの差だけで決まり，基準の取り方によらない．

*2 位置エネルギーの差が，基準の取り方によらない，ということは，基準としてどの位置を使っても良いということを示している．

である．よって，物体がされた仕事は $W = mgh$ 〔J〕となり，これは物体のエネルギーとして蓄えられる．すなわち，高さ h のところにある質量 m の物体はエネルギー mgh をもっているということになる．このエネルギーを**位置エネルギー**という[*1].

地面から高さ h_1 のところに質量 m の物体Aが，高さ h_2 のところに質量 m の物体Bがあるときの位置エネルギーを求めてみよう（図10・2）．

① 地面を基準（基準1）としたときの，Aの位置エネルギー U_{A1} とBの位置エネルギー U_{B1}

② 物体Aを基準（基準2）としたときの，Aの位置エネルギー U_{A2} とBの位置エネルギー U_{B2}

③ 物体Bを基準（基準3）としたときの，Aの位置エネルギー U_{A3} とBの位置エネルギー U_{B3}

④ 位置エネルギーの差 $U_{B1} - U_{A1}$, $U_{B2} - U_{A2}$, $U_{B3} - U_{A3}$

高さ h 〔m〕のところにある質量 m 〔kg〕の物体がもつエネルギー U 〔J〕は，

$$U = mgh \qquad (10 \cdot 2)$$

であるからそれぞれの値はつぎのようになる．

① Aの高さは h_1, Bの高さは h_2 であるから，$U_{A1} = mgh_1$, $U_{B1} = mgh_2$

② Aの高さは 0, Bの高さは $h_2 - h_1$ であるから，$U_{A2} = 0$, $U_{B2} = mg(h_2 - h_1)$

③ Aの高さは $-(h_2 - h_1)$, Bの高さは 0 であるから，

$$U_{A3} = -mg(h_2 - h_1), U_{B3} = 0$$

④ $U_{B1} - U_{A1} = U_{B2} - U_{A2} = U_{B3} - U_{A3} = mg(h_2 - h_1)$

この考察から，位置エネルギーの大きさそのものは高さ h を含むため，高さの基準の取り方によって変わるが，**2点間の位置エネルギーの差は高さの差だけで決まり，基準の取り方によらない**ことがわかる[*2].

10・3 運動エネルギー

運動している車が荷物にぶつかると，車は止まるまで荷物を押しながら仕事をする．つまり，運動している物体はエネルギーをもっていて，このエネルギーを**運動エネルギー**という．

質量 m 〔kg〕の車が速さ v 〔m s^{-1}〕で動いているときの運動エネルギーを考えよう（図10・3）．車は速さ v 〔m s^{-1}〕で荷物にぶつかり，荷物を一定の力 F 〔N〕で押しながら距離 s 〔m〕だけ進んで止まったとする．車が止まるまでに荷物にした仕事は，

$$W = Fs \qquad (10 \cdot 3)$$

となる．車の進行方向を正とすると，車は $-F$ 〔N〕の力を受けて加速度 a 〔m s^{-2}〕で進んだので，運動方程式は，

第10章 エネルギー　　35

$$ma = -F \tag{10・4}$$

であり，$a<0$ であるから車は力を受けて減速していることがわかる．車が止まるまでに進んだ距離を s とすると，等加速度運動の式 6・7 より

$$0^2 - v^2 = 2as \tag{10・5}$$

よって，車が荷物にした仕事は

$$W = Fs = (-ma)\left(-\frac{v^2}{2a}\right) = \frac{1}{2}mv^2$$

となる．すなわち，質量 m 〔kg〕で速さ v 〔m s^{-1}〕で運動する物体がもつ運動エネルギー K 〔J〕はこの仕事に等しい．

$$K = \frac{1}{2}mv^2 \tag{10・6}$$

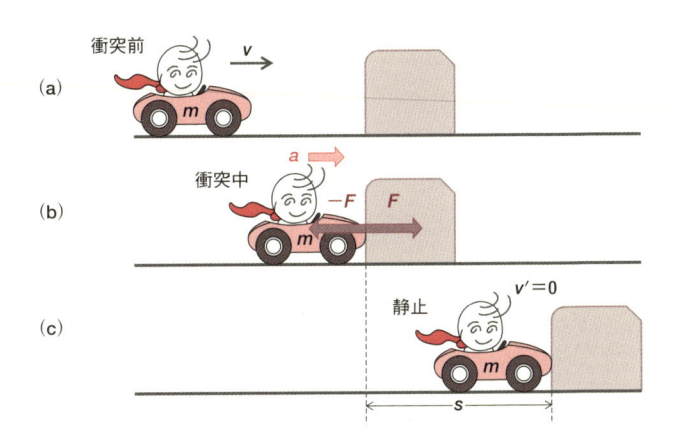

図 10・3 運動エネルギー　(a) 車が速さ v で運動している．(b) 車が荷物に衝突するとき，車は荷物を力 F で押す．作用反作用の法則により，車は荷物から力 $-F$ を受ける．このとき車は速度が変わる（小さくなる）ので加速度 a が生じる．(c) 車は荷物を距離 s だけ移動させて止まる．このとき荷物が車からされた仕事 W は，車がもっていた運動エネルギー K に等しい．

10・4　弾性エネルギー

変形したばねは元の長さに戻るまでに，他の物体に仕事をすることができる．弾性をもつ物体が変形したときにもつエネルギーを**弾性エネルギー**（弾性力による位置エネルギー）という．ばね定数 k 〔N m^{-1}〕のばねを Δx 〔m〕だけ引き伸ばすときの仕事を考える（図 10・4）．

① 自然長からのばねの伸びが x_1 〔m〕の位置から，ばねをさらに Δx 〔m〕だけ引き伸ばすときの仕事 W_1 〔J〕は $W_1=F_1\Delta x=kx_1\Delta x$ となり*，❶ の部分の面積となる．

② 自然長からのばねの伸びが x_2 〔m〕の位置から，ばねをさらに Δx 〔m〕だけ引き伸ばすときの仕事 W_2 〔J〕は $W_2=F_2\Delta x=kx_2\Delta x$ となり，❷ の部分の面積となる．

③ 自然長からのばねの伸びが x_3 〔m〕の位置から，ばねをさらに Δx 〔m〕だけ引き伸ばすときの仕事 W_3 〔J〕は $W_3=F_3\Delta x=kx_3\Delta x$ となり，❸ の部分の面積となる．

* この間ばねは一定の力で引き伸ばされているものとする．

図 10・4 弾性力による位置エネルギー ばね定数 k のばねを引っ張るには $F=kx$ の力が必要である．Δx だけ引き伸ばすのに必要な仕事は $W=F\,\Delta x=kx\,\Delta x$ となる．よって，ばねを 0 から x まで引き伸ばすのに必要な仕事は直線 $F=kx$ と x 軸の間の三角形の面積となる．

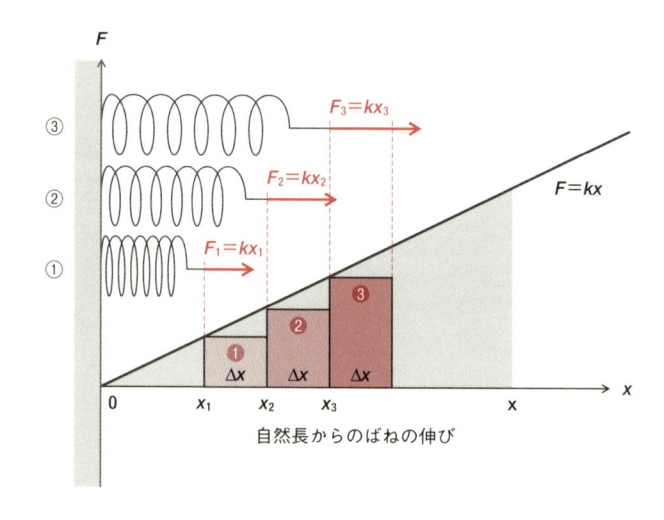

$x=0$ から x までばねを引き伸ばすのに必要な仕事は，これらを足し合わせればよい．ここで，Δx を小さくすると，長方形の面積の和は図 10・4 の直線の下の三角形の面積（　　）となり，

$$W = \frac{1}{2}kx^2$$

となる．この仕事が弾性力の位置エネルギーとしてばねに蓄えられる．したがって，ばね定数 k〔N m^{-1}〕のばねが自然長より x〔m〕伸びているときの弾性エネルギー U〔J〕は，下式のようになる．

$$U = \frac{1}{2}kx^2 \tag{10・7}$$

10・5　力学的エネルギー保存則

落下運動では，落下するにつれて高さは減るが，速さが増す．つまり，位置エネルギーは減少するが，運動エネルギーは増加する．

図 10・5 のように，質量 m の物体が高さ h から自由落下し，高さ h_1 の点 A を速さ v_1，高さ h_2 の点 B を速さ v_2 で通過したとする．物体は点 A から点 B まで距離 h_1-h_2 だけ落下する間に，重力により $mg(h_1-h_2)$ の仕事をされるが，この仕事は運動エネルギーを増加するために使われる．運動エネルギーの増加分は $\frac{1}{2}mv_2^2-\frac{1}{2}mv_1^2$ であるから，

$$mg(h_1-h_2) = \frac{1}{2}mv_2^2 - \frac{1}{2}mv_1^2 \tag{10・8}$$

したがって，つぎの関係式が得られる．

$$mgh_1 + \frac{1}{2}mv_1^2 = mgh_2 + \frac{1}{2}mv_2^2 \tag{10・9}$$

ここで，位置エネルギーと運動エネルギーの和を力学的エネルギーとすると，式 10・9 は，"点 A での力学的エネルギー＝点 B での力学的エネルギー" とな

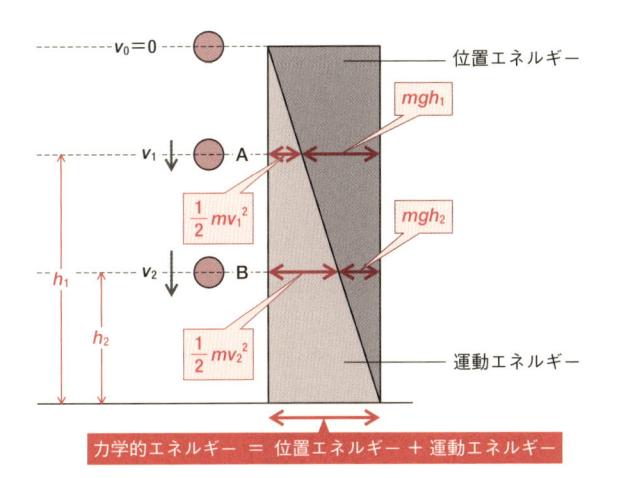

図 10・5 力学的エネルギー保存則 力が加わり運動している物体は，位置エネルギーと運動エネルギーの両方をもち，その総量はつねに一定である．つまり，位置エネルギーが減少すれば，その分，運動エネルギーが増加し，運動エネルギーが減少すれば，その分，位置エネルギーが増加する．

り，点Aと点Bで，力学的エネルギーは保存されていることがわかる．よって，このことを**力学的エネルギー保存則**という．ばねを含んだ物体の運動の場合には，位置エネルギーを重力による位置エネルギーとばねによる位置エネルギー（弾性エネルギー）の和として考える．

やってみよう

▶ つぎの物体がもつエネルギーを求めてみよう．
 (a) 地面から高さ 2.0 m にある質量 0.25 kg の物体．
 (b) 速さ 15 m s^{-1} で運動する質量 4.0 kg の物体．
 (c) ばね定数 20 N m^{-1} のばねを自然長から 0.30 m 伸ばした位置にある物体．

◀ (a) で求めるものは位置エネルギーであるから，$U = mgh = 0.25 \times 9.8 \times 2.0 = 4.9$ J.
 (b) で求めるものは運動エネルギーであるから，
$$K = \frac{1}{2}mv^2 = \frac{1}{2} \times 4.0 \times 15^2 = 450 = 4.5 \times 10^2 \text{ J}$$
 (c) で求めるものは弾性エネルギーであるから，
$$U = \frac{1}{2}kx^2 = \frac{1}{2} \times 20 \times 0.30^2 = 0.90 \text{ J}$$

薬学への応用

第9章の"薬学への応用"で記したように，薬は構造の変化という仕事をするために，自分自身のエネルギー（その多くは化学結合として蓄えている）を使います．薬は病気を治したり，症状を改善したりしますが，その源は，薬が物質としてもっているエネルギーであるといえます．薬と体の相互作用は，エネルギーで考えるとすっきりと理解できます．

演習問題

1. 質量 2.0 kg の物体を地上 5.0 m の高さから静かに落とすとき，この物体が地面に達する直前の速さを求めよ．

第11章 円 運 動

到達目標

1. 等速円運動の速さと角速度，周期を関係づけることができる．
2. 円運動する物体に働く力について説明できる．

考えてみよう

ハンマー投げはハンマーを回転させて遠くへ投げる競技ですが，回転を速くするほどハンマーを遠くへ投げることができます．また，手を離すとハンマーが飛んでいってしまうので，投げるまでの間ハンマーに付けたワイヤーを手で引っぱっていないといけません．では，なぜ回転運動をするのにこのような力が必要なのでしょうか．それは，物体には力が加わらなければ直進するという慣性の法則があるので，進む方向を曲げるための力を加えているのです．手から離れたハンマーは円運動の接線方向に飛んでいきます．

11・1 等速円運動

円運動と振動運動：両方の運動は深く結びついていて（☞第 16 章），円運動における 1 秒当たりの回転数は，振動運動の振動数に相当する．振動数のことを**周波数**ともいう．

物体が円周上を一定の速さで運動するとき，この運動を**等速円運動**という．円周上を 1 周すると元の位置に戻るが，物体が 1 周して元の位置に戻ってくるまでの時間 T〔s〕を**周期**という．また，物体が 1 秒間に何回転するかを**振動数**といい，

$$f = \frac{1}{T} \tag{11・1}$$

で表される．振動数 f の SI 組立単位は **Hz**（ヘルツ）である*．

* 振動数は，1 秒当たりの回数なので，Hz は s^{-1} でもある（SI 基本単位による表現）．

半径 r の円周上を等速円運動する物体は 1 周で距離 $2\pi r$〔m〕進む．1 周するのに掛かる時間が周期 T であるから，物体の速さは

$$v = \frac{2\pi r}{T} = 2\pi r f \tag{11・2}$$

となる．向きは円の半径に対して垂直，すなわち**接線方向**となる（図 11・1）．

円運動では，物体の円周上の運動の速度の他に，回転する角度を用いて表す速度がある．1 秒間当たりに回転する角度を**角速度**といい，時刻 $t=0$ から t〔s〕間に角度が 0 から θ〔rad〕まで回転したときの角速度 ω は，

$$\omega = \frac{\theta}{t} \tag{11・3}$$

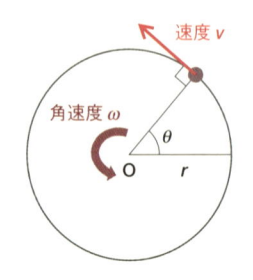

図 11・1 等速円運動
円周上を等速で運動する物体の速度には，円周上の運動に対する速度 v と，回転する角度で表した角速度 ω がある．

と表される．単位は $\mathrm{rad\ s^{-1}}$ である．1 周すると角度は 2π rad 変化し，掛かる時間は周期 T であるから，

$$\omega = \frac{2\pi}{T} = 2\pi f \tag{11・4}$$

ラジアン (rad)：平面角の単位で，SI 基本単位ではないが SI 組立単位である．

となる．

11・2 等速円運動の速度と加速度

図 11・2 のように，x–y 平面上の原点を中心とする半径 r の円周上を，物体が角速度 ω で等速円運動している．時刻 $t=0$ に点 A を出発し，時刻 t で点 B にい

第11章 円 運 動　39

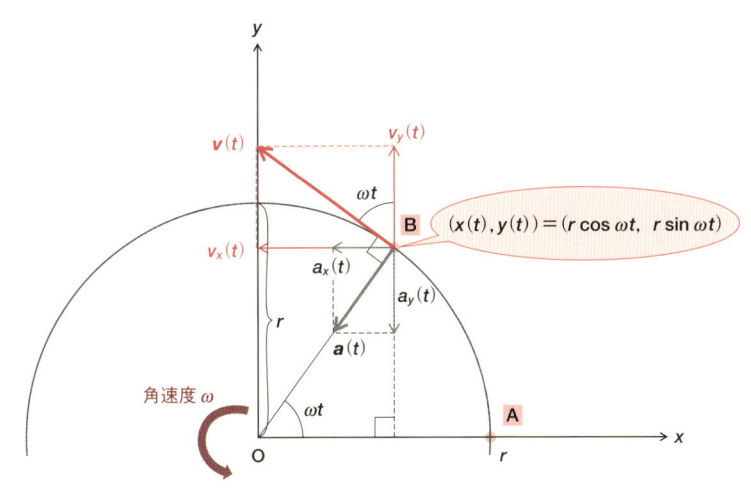

図 11・2　等速円運動の速度と加速度　等速円運動の速度 *v* は半径に対して垂直な方向（接線方向）を，加速度 *a* は円の中心の方向を向く．それぞれの大きさは，$v=r\omega$, $a=r\omega^2$ となる．

るとき，位置 B での物体の速度と加速度を求めてみよう．

点 B の x 座標，y 座標をそれぞれ $x(t), y(t)$ とすると，

$$x(t) = r\cos\omega t \quad (11\cdot 5)$$
$$y(t) = r\sin\omega t \quad (11\cdot 6)$$

となる．x 方向，y 方向の速度 $v_x(t), v_y(t)$ は位置（座標）を時間 t で**微分**して求められるから（☞ 第5章）*1，

$$v_x(t) = \frac{dx(t)}{dt} = -r\omega\sin\omega t \quad (11\cdot 7)$$
$$v_y(t) = \frac{dy(t)}{dt} = r\omega\cos\omega t \quad (11\cdot 8)$$

となり，それぞれの向きは図 11・2 の → のようになる．よって，速度 *v* の向きは $v_x(t), v_y(t)$ のベクトルを合成した方向で，半径に対して垂直な方向である．図 11・1 で物体の速さが円の半径に対して垂直，すなわち接線方向となっているのはこれである．また，速度 *v* の大きさである速さ v は

$$v = \sqrt{v_x(t)^2 + v_y(t)^2} = \sqrt{r^2\omega^2} = r\omega \quad (11\cdot 9)$$

となる．さらに，x 方向，y 方向の加速度 $a_x(t), a_y(t)$ は速度を時間 t で微分して求められるから（☞ 第6章）*2，

$$a_x(t) = \frac{dv_x(t)}{dt} = -r\omega^2\cos\omega t = -\omega^2 x(t) \quad (11\cdot 10)$$
$$a_y(t) = \frac{dv_y(t)}{dt} = -r\omega^2\sin\omega t = -\omega^2 y(t) \quad (11\cdot 11)$$

となり，それぞれの向きは図 11・2 の → のようになる．よって，加速度 *a* の向きは $a_x(t), a_y(t)$ のベクトルを合成した方向で，つねに中心を向く．また加速度 *a* の大きさ a は

*1 $x=r\cos\omega t$ は，$x=r\cos z$ と $z=\omega t$ の合成関数なので，つぎの微分法則が成り立つ．
$$\frac{dx}{dt} = \frac{dz}{dt}\frac{dx}{dz}$$
ここで，
$$\frac{dz}{dt} = \omega$$
$$\frac{dx}{dz} = -r\sin z$$
よって，
$$\frac{dx}{dt} = \frac{dz}{dt}\frac{dx}{dz}$$
$$= \omega\cdot(-r\sin z)$$
$$= -r\omega\sin\omega t$$

*2 同様にして $v=-r\omega\sin\omega t$ の微分は，$v=-r\omega\sin z$, $z=\omega t$ より，
$$\frac{dv}{dt} = \frac{dz}{dt}\frac{dv}{dz}$$
$$= \omega\cdot(-r\omega\cos z)$$
$$= -r\omega^2\cos\omega t$$

$$a = \sqrt{a_x(t)^2 + a_y(t)^2} = \sqrt{r^2\omega^4} = r\omega^2 \qquad (11\cdot12)$$

となる．

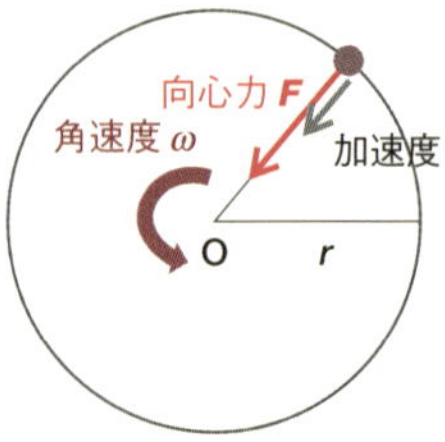

図 11・3 向心力 向心力は，円運動している物体の，円運動の中心に向かう力である．

11・3 向心力

§11・2で示したように，等速円運動している物体には加速度 a が生じている．ということは，ニュートンの運動方程式 $F=ma$ より，この物体には力が働いていることになる．力の向きは加速度の向きと同じであるから，円の中心を向いており，力の大きさは

$$F = mr\omega^2 = m\frac{v^2}{r} \qquad (11\cdot13)^{*1}$$

*1 式 11・2 と 11・4 より $\omega=v/r$ を代入．

となる．このような力を**向心力**という（図 11・3）．

11・4 慣性力

第7章で，物体の慣性という性質について説明した．走行中の電車が急ブレーキを掛けたときに体が倒れそうになるのは，この慣性の法則が関係している．つまり，電車は止まろうとするのに，体はまだ進もうとするためである．このとき，あたかも体に力が働いたかのように感じるが，実際に働いているわけではなく，このような見掛けの力を**慣性力**という．カーブなどで車が曲がるときも外側に押しつけられるような力を感じるが，これも慣性力の一つで**遠心力**という．

11・5 角運動量

直線上を運動する物体が運動量をもつように（☞ 第8章），円軌道上を運動する物体は**角運動量**をもつ．角運動量 L は，質量 m と速さ v と回転半径 r の積に等しい．

$$L = mvr \qquad (11\cdot14)$$

*2 フィギュアスケートのスピンを考えてみよう．最初は手を広げて回転し始めるが，後半は手を縮めたり，身体を回転軸の周りにまとめることで，スピンの回転速度が上がる．これは，式 11・14 の回転半径 r を小さくし，その分角運動量の回転速度 v の効果を大きくして高速回転を可能にしている．

物体の運動量を変化させるのに外からの力が必要なように，物体の角運動量を変化させるためには力のモーメント（☞ 第4章）が必要である．さらに，運動量保存則があるように，角運動量も保存される[*2]．

やってみよう

▶ 半径 0.20 m の円周上を，5.0 秒間に 10 回の割合で等速運動する物体のつぎの値を求めてみよう．
  (a) 振動数 f; (b) 周期 T; (c) 速さ v; (d) 角速度 ω

◀ (a) 振動数は 1 秒間に回転する回数なので，$f=10/5.0=2.0$ Hz．
  (b) 周期は振動数の逆数なので，$T=1/f=1/2.0=0.50$ s．
  (c) 速さは，1 周の距離（$2\pi r$）を掛かった時間で割るか，あるいは 1 周の距離に振動数を掛ければよいので，$v=2\pi r/T=(2\times3.14\times0.20)/0.50=2.512$．よって，2.5

m s^{-1}.

(d) 角速度は，1周分の角度（2π）を掛かった時間で割るか，1周分の角度に振動数を掛ければよいので，$\omega=2\pi f=2\times 3.14\times 2.0=12.56$．よって，13 rad s^{-1}．

薬学への応用

簡単な原子のモデルは電子が原子核の周囲を飛び回っているというものです．薬の分子をつくっている原子の中の電子の運動も，完全な円運動ではありませんが，円運動の考えを拡張することで，説明することができます．

演習問題

1. 質量 1.0 kg の物体が半径 0.50 m の円周上を，2.0 秒間に 6 回の割合で等速円運動しているとき，振動数，周期，速さ，角速度，向心力を求めよ．

II

熱 力 学

第12章　熱

到達目標
1. 熱と温度を原子や分子の熱運動と関連づけて説明することができる．
2. 熱の移動および熱と仕事について説明できる．

考えてみよう
熱とは何でしょう？　温度とは何でしょう？　氷水（0℃）は冷たいですが，沸騰している水（100℃）は火傷を負う熱さです．同じ水であるのに，温度が違うのは，それぞれの水のもつ熱エネルギーが違うからです．そして，温度はその物差しになっています．熱い物体（温度が高い）は，多くの熱エネルギーをもち，冷たい物体（温度が低い）は，熱エネルギーをあまりもっていないのです．そして，熱は，分子の運動と深く関わっています．

12・1　温　度

物理で使用する温度には2種類ある．

- セルシウス温度（摂氏，℃）……1気圧の下で，水が凍る温度を0℃，沸騰する温度を100℃と定めたもの
- 絶対温度（K）[*1]……水が凍る温度や沸騰する温度では決まらず，熱運動が停止する温度を基準としたもの

絶対温度 T〔K〕とセルシウス温度 t〔℃〕の間には次式の関係がある．

$$T = 273.15 + t \qquad (12・1)$$

[*1] 絶対温度は，熱力学温度とよぶことが推奨されているが，本書では広く使われている絶対温度を用いた．

12・2　熱

　温度差がある二つの物体を接触させると，温かい物体の温度は下がり，冷たい物体の温度は上がって最終的には同じ温度となる．このとき，温かい物体から冷たい物体へ**熱**が移動したといい，移動する熱の量を**熱量**という．1gの水の温度を1℃変化させるのに必要な熱量を **1 cal**（カロリー）という．熱が高温から低温に移るとき，高温の物体が放出した熱量と低温の物体が吸収した熱量は等しい．これを**熱量保存の法則**という．

熱量も**保存**

12・3　熱と仕事

　消しゴムで強く紙を擦ると摩擦熱が発生し，擦った部分の温度が上がる．このように，力学的な仕事も熱と関係している．仕事と熱は，ジュール（J. Joule）の実験により，つぎの関係があることがわかっている．

　　　　　4.184 J の仕事は 1 cal の熱量に相当する[*2]

食品は cal 表示を使用していることが多いが，熱量はエネルギーなので物理で

[*2] 熱の仕事当量は，4.184 J cal^{-1} であるという言い方もする．

は単位に J を用いる[*1].

*1 (熱化学)カロリーは非SI単位で，使用しないことが推奨されている．食品栄養の分野のみ例外的に使用が認められている．

12・4 熱運動

物質中の分子や原子は不規則な運動をしている．この運動を**熱運動**といい，温度が高いほど分子や原子の運動は激しい．温度を下げると熱運動が減少するが，熱運動が停止する温度が**絶対零度**[*2]（**0 K**）である．

*2 0 K＝−273.15 ℃で，熱力学的に考えうる最低の温度．

しかしながら，ここで気をつけなくてはいけないのは，あくまでも"不規則な運動"であるということである．水道の蛇口をひねり水を激しく出しても熱湯になることはない．このとき，水分子の運動は流れている方向に激しいのであって，ランダムな運動ではないため，熱運動ではない．

熱の移動を熱運動で考えてみよう（図 12・1）．高温の物体と低温の物体を接触させると，高温側の激しい分子の運動が接触面を通して低温側に伝わり，低温側の分子の運動を激しくする．一方で，高温側の分子の運動は弱まる．このように，高温の物体から低温の物体へ熱運動のエネルギーが移動し，二つの物体の熱運動の激しさが同じになり温度も等しくなる．この状態を**熱平衡**という．

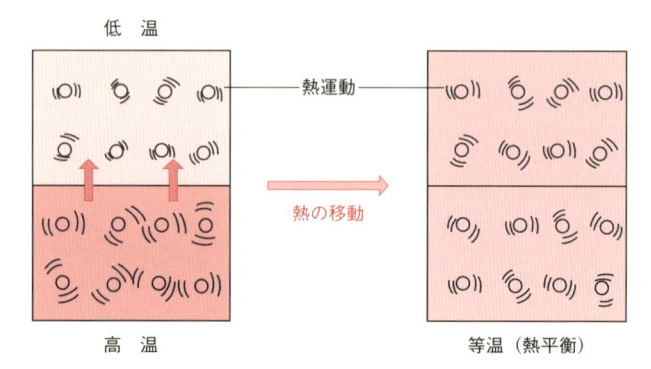

図 12・1 分子の熱運動 高温の物質は激しく，低温の物質は緩やかに運動しているが，しだいに両者の運動は同じ程度になり温度も等しくなる．このとき，高温側から低温側へ移動するものを熱という．

12・5 内部エネルギー

物質中の分子や原子は熱運動による運動エネルギーと分子間力による位置エネルギーをもち，これらを合わせたものを**内部エネルギー**という．気体の場合，分子間力による位置エネルギーは無視することができ[*3]，気体の内部エネルギーは熱運動による運動エネルギーと考えてよい．一般に，気体の内部エネルギーは絶対温度に比例する．

*3 分子間力は分子間の距離が大きくなると，急激に弱くなる．気体の場合，分子間の距離が非常に大きいので，分子間には力はほとんど働いていない．

12・6 熱力学第一法則

やかんに水を入れ，熱を加えると，水の温度は上昇し，内部エネルギーは増加する．また，§12・3 で述べたように，消しゴムで擦った部分の温度が上がることから，力学的な仕事をしても内部エネルギーは増加する．

物体の内部エネルギーを U，物体が得た熱を Q，物体が外部からされた仕事を

W とする．物体は熱を得ても，仕事をされても，内部エネルギーは増加するので，内部エネルギーの増加分 ΔU は

$$\Delta U = Q + W \tag{12・2}$$

となる．これを**熱力学第一法則**という．$Q<0$ の場合は，物体から外に熱が放出され，$W<0$ の場合は物体が外に仕事をすることを表す*．

* やかんに出入りする熱や仕事は，周りの環境のエネルギーを増減させるので，やかん（と中の水）とそれ以外の部分のエネルギーの総和は変わらない．よって，エネルギー保存則（☞§10・5）がここでも成立している．

やってみよう

▶ 気体が 300 J の熱を吸収して，外に 120 J の仕事をしたとき，内部エネルギーの増減はいくらになるだろうか．

◀ 気体は熱を得たので $Q=+300$ J，また仕事をしたので $W=-120$ J であるから，$\Delta U=Q+W=300+(-120)=180$ J．よって，180 J だけ増加している．

薬学への応用

第Ⅱ部の3章（第12章～第14章）は熱を扱っています．第10章で，"薬と体の相互作用はエネルギーで考える"，と記しましたが，熱は仕事とともに，エネルギーの一形態なので，熱のことも理解しておきましょう．

演習問題

1. 速さ 72 km h^{-1} で走っている質量 1000 kg の車がブレーキをかけて止まった．このとき運動エネルギーがすべて熱に変わったとすると，発生した熱は何 J になるか．

第 13 章 物体の温度変化

到達目標
1. 熱容量と比熱を説明することができる.
2. 状態変化について説明することができる.

考えてみよう
夏の砂浜では，海水より砂浜の方が熱いですね．つまり，同じ太陽の熱エネルギーを受けても水の方が温まりにくいということがわかります．この温まりやすさを表す量が比熱です．一般に水は比熱が大きいので温まりにくいのですが，冷めにくいという性質ももつので，湯たんぽとして冬場は暖をとるのに用いることができるのです．さらに，同じ緯度の大陸の場所と比べて日本が温暖な気候に恵まれているのも，周りを海に囲まれているからです．

13·1 熱容量と比熱

ある物体の温度を 1 K 上げるのに必要な熱量を**熱容量**という．単位は $J K^{-1}$ である．熱容量 C 〔$J K^{-1}$〕の物体の温度を ΔT〔K〕上げるのに必要な熱量を Q〔J〕とすると，

$$Q = C \Delta T \tag{13·1}$$

である．化学では 1 mol の物質の熱容量が用いられる．これを**モル熱容量**といい，単位は $J K^{-1} mol^{-1}$ である.

また，物質 1 g の温度を 1 K 変化させるのに必要な熱量を**比熱**といい，単位は $J K^{-1} g^{-1}$ である[*1]．比熱 c〔$J K^{-1} g^{-1}$〕の物質 m〔g〕の温度を ΔT〔K〕上げるのに必要な熱量 Q〔J〕は，

$$Q = mc \Delta T \tag{13·2}$$

である．

比 熱: 広く用いられている用語であるが，**比熱容量**とよぶのが正しい．

[*1] SI 単位では $J K^{-1} kg^{-1}$ であるが，$J K^{-1} g^{-1}$ とすることが多い．

13·2 状態変化

物質には固体，液体，気体の三つの状態があり，これを物質の三態という．温度や圧力を変えると，これらの状態が変化する．これを**状態変化**という．物質が固体から液体へ変化することを**融解**，その逆を**凝固**という．また，液体から気体へ変化することを**蒸発**といい[*2]，その逆を**凝縮**という．

氷に熱を加えていくと，氷と水が共存した状態でしばらく温度が上昇しなくなる．そして，氷がすべて解けると再び温度が上昇していく（図 13·1）．同じ現象は水と水蒸気が共存した状態でも見られる．このとき加えられる熱は，物質中の分子が分子間力に打ち勝って動けるようになるために使われ，その間熱運動は変わらないので，温度は変化しない．このように，物質が固体から液体，あるいは液体から気体に変化するときには熱を吸収し，逆に気体から液体，あるいは液体から固体へ変化するときには熱を放出する．

[*2] 固体から気体へ変化することを特に昇華という．

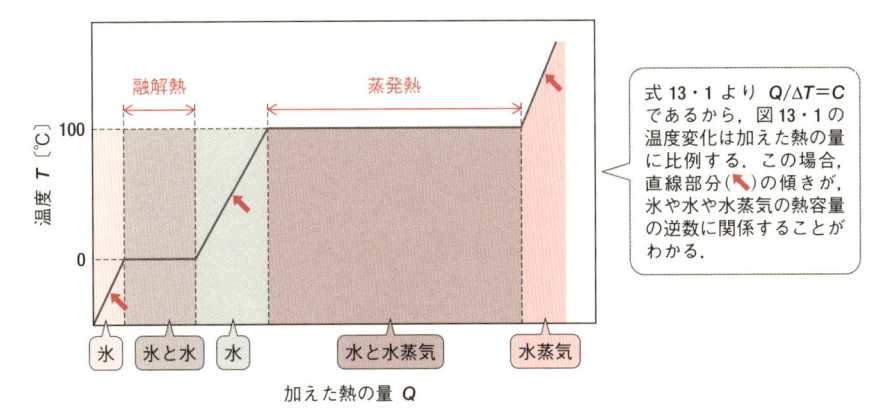

図 13・1 加えた熱の量と水の状態変化　　熱を加えると分子の運動が激しくなるために，温度は上昇する．ただし，融点（0℃）と沸点（100℃）では，分子の運動を激しくするほかに，分子間力に打ち勝って分子の位置を大きく変えるためにより大きな熱が必要となる．

式 13・1 より $Q/\Delta T = C$ であるから，図 13・1 の温度変化は加えた熱の量に比例する．この場合，直線部分（↖）の傾きが，氷や水や水蒸気の熱容量の逆数に関係することがわかる．

やってみよう

▶ つぎの値を求めてみよう．

(a) 90 J の熱量を加えたところ，温度が 3.0 ℃ 上昇した．この物体の熱容量は？

(b) ある物体 250 g に 500 J の熱量を与えたところ，温度が 1.5 ℃ 上昇した．この物質の比熱は？

◀ (a) 3.0 ℃ の上昇は 3.0 K 上昇したことなので，$Q = C\Delta T$ より，$90 = C \times 3.0$，よって，$C = 30$ J K^{-1}．

(b) 1.5 ℃ の上昇は 1.5 K 上昇したしたことなので，$Q = mc\Delta T$ より，$500 = 250 \times c \times 1.5$，よって，$c = 1.3$ J K^{-1} g^{-1}．

演習問題

1. 砂 1.0 kg が 12.0 ℃ から 15.0 ℃ になったとき，砂が得た熱量はいくらか．ただし，砂の比熱を 0.80 J K^{-1} g^{-1} とする．

第14章 不可逆変化

到達目標
1. 不可逆変化について説明することができる.
2. エントロピーについて説明することができる.

考えてみよう
お湯を沸かしたやかんを冷水につけたとき, 自然に起こるのはどちらでしょうか.
(a) やかんが周りの水に熱を与えて冷え, 周りの水は熱をもらって温かくなる.
(b) やかんは周りの水から熱をもらってますます熱くなり, 周りの水はますます冷える.
答えは(a)です. このように, 自然に起こる変化では, 熱は温かいものから冷たいものに向かって流れるようになっています.

14・1 自然に起こる変化

水にインクを1滴垂らすとインクは水の中に広がっていくが, 広がっているインクが独りでに1滴のインクの状態に戻ることはない（図14・1）. 独りでに逆向きの変化が起こらない変化を**不可逆変化**という. 自然界の系は, インクが拡散するように**乱雑な状態**へと変化する傾向がある.

また, 第12章で, 高温の物体から低温の物体に向かって熱が流れることを学んだ. 自然に起こる変化では, 熱は高温のものから低温のものへ向かって移動するというように, 熱の流れる向きが決まっている. 熱は低温の物体から高温の物体へと独りでに移動することはないので, これも不可逆変化である.

図14・1 不可逆変化 インクを水に1滴垂らすと"自然に"水全体が同じ色になるが, この水を放っておいても1滴のインクに戻ることはない.

14・2 エントロピー

自然界の変化は, 水にインクを垂らしたときのように, 整然とした状態から乱雑な状態へと変化しようとする. **エントロピー**はこの乱雑さを表す尺度で（図14・2）, つぎのような場合に増大する.

- **温度上昇**: 分子の運動エネルギーが大きくなるので, ばらばらに運動する傾向が強くなる.
- **粒子数の増加**: 粒子を配置する状態の数（場合の数）が増える.
- **状態変化**: 固体から液体になることで, 分子がばらばらに運動できるようになる.
- **体積の増加**: 分子が動ける範囲が増えて, ばらばらに運動できるようになる.
- **分子の分解**: 分子の数が増えるので, 粒子を配置する状態の数が増える.
- **直線を曲げる**: まっすぐより曲げた方がいろいろな変形ができ, 状態の数が増える.

図14・2 加えた熱の量と水の状態変化 エントロピーは乱雑さの尺度で, 整然と並んでいる状態（氷）はエントロピーが小さく, ばらばらな状態（水蒸気）はエントロピーが大きい.

糸がまっすぐではなく丸まりやすいのは，丸まっていた方がエントロピーが大きく，より自然な状態だからである．エントロピーの詳細については，後学年で学ぶことになるが，ばらばらの状態の方が秩序立った状態よりもエントロピーが大きいということは覚えておくとよい．

薬学への応用

　エンジンのように1周して元に戻る過程（サイクル）では，仕事を完全に熱に変えることはできますが，熱を完全に仕事に変えることはできません．これが不可逆変化の原因です．薬が働く際の効果は，薬が行うことのできる有効な仕事の大きさに依存します．この仕事の大きさには，薬の分子が働く際の分子の方向や形が影響します．エントロピーはその影響の定量的な目安になります．

III

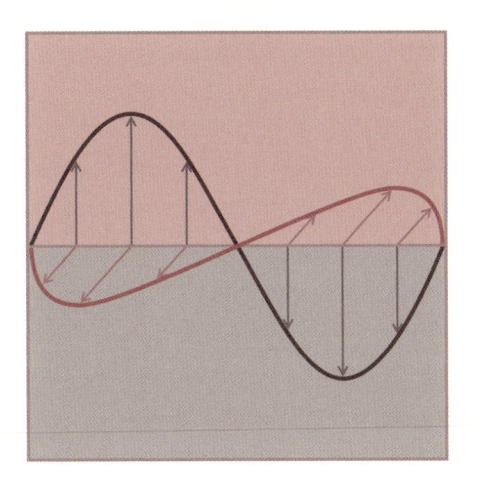

波

第15章 波 の 性 質

到達目標
1. 波が伝わる仕組みを説明できる．
2. 波の速さ，波長，振動数の関係を説明できる．
3. 音や光の特徴を列挙できる．

考えてみよう　水面に広がる波紋を見ながら，波紋とともに水が移動していると勘違いしている人はいませんか．たしかに水が移動しているようにも見えますが，実際は水面が上下に振動しているだけで水は移動していません．どうして波紋は広がるのでしょう．ある場所で水面が振動し始めると，その付近の水面も少し遅れて振動し始めます．水面の振動は時間とともに周囲に伝わり，波紋となって水面に広がります．

15・1 波 と は

　物質が移動することなく，状態の変化だけが物質中を伝わる現象を**波**または**波動**という．波を伝える物質を**媒質**といい，媒質の一点で状態が変化すると，その周囲の状態も連鎖的に変化し，波となって媒質中を伝わる．

　波が発生する位置を**波源**といい，波源の瞬間的な状態の変化によって**パルス波**が生じ，波源の周期的な状態の変化によって**連続波**が生じる（図15・1）．パルス波や連続波は時間とともに遠方に向かって移動するが，媒質の各点は上下に振れるだけで，波とともに移動することはない．

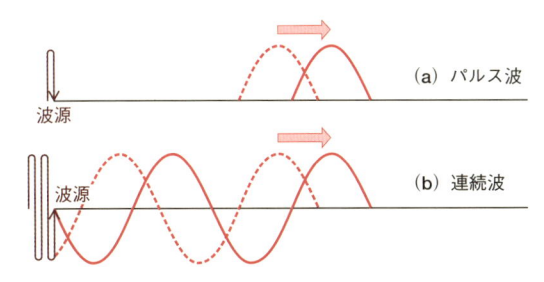

図15・1　波（波動）　(a) 波源の1回の状態変化で生じるパルス波，(b) 波源の周期的な状態変化で生じる連続波

　波源で生じたパルス波や連続波が媒質中（ロープ）を伝わる様子を示したのが図15・2である．ロープの一端が持ち上がると，つぎの瞬間には隣の点がつられて持ち上がり（図15・2a），そのつぎの瞬間にはその隣の点がつられて持ち上がる（図15・2b）．ロープの一端が繰返し上下に振れると（図15・2c），ロープの各点もつられて繰返し上下に振れ，上下に1回振れるたびに一組の山と谷が生じる（図15・2d）．ロープの一端で生じた動きは，時間とともにロープの各点に伝わり，波となって他端に向かって移動する．

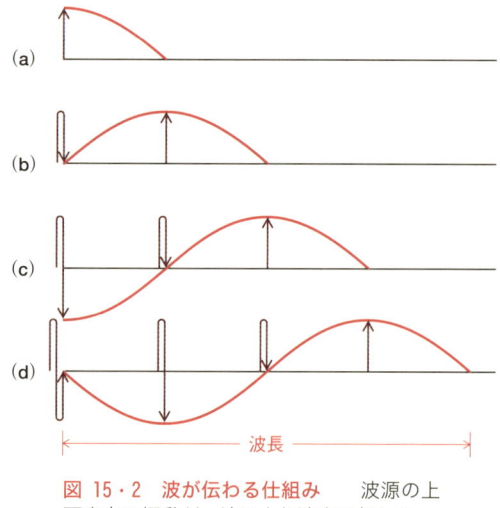

図 15・2 **波が伝わる仕組み** 波源の上下方向の振動が，波により遠方に伝わる．

15・2 波の特徴を表す物理量

連続波をもたらす上下運動のように，一定の時間間隔で繰返される運動を**周期運動**といい，その時間間隔が**周期**，1秒当たりの繰返し回数が**振動数**または**周波数**である．振動数 f は周期 T の逆数に等しい（☞ §11・1）*．

波源が周期運動をするとき，周期運動を1回繰返す間に波が伝わる距離を**波長**という．1周期が経過する間に1波長だけ波が伝わるので，波の伝わる速さ v は波長 λ を周期 T で割った値に等しい．あるいは，周期運動は1秒間に振動数に等しい回数繰返されるため，1秒間に波が伝わる距離 v は波長 λ と振動数 f の積に等しい（図 15・3）．

$$v = \frac{\lambda}{T} = \lambda f \tag{15・1}$$

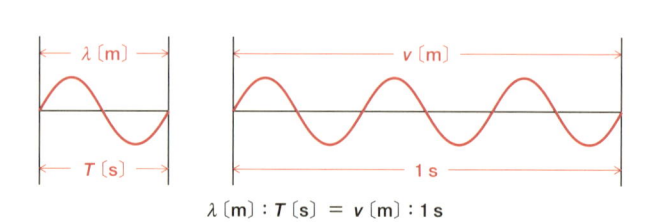

* 連続波は波源の上下運動により生じ，その上下運動は，円運動（☞ 第 11 章）と密接な関係がある．したがって，円運動のいくつかの物理量は，波を表す物理量にもなる．式 11・1 を思い出そう．

$$f = \frac{1}{T}$$

周期 T と振動数 f の単位は，それぞれ s, Hz (s^{-1}) である．

λ [m] : T [s] = v [m] : 1 s

図 15・3 **波長，周期，波の速さの関係** 波が1周期（T）で進むのが λ [m] なので，1 s で v [m] 進む波の λ, T, v の関係は図中の比例式となる．

15・3 波の例: 音と光

音は波の性質をもつ現象の一つであり，**音波**ともよばれる．楽器などの発音体で生じた振動は，周囲の空気の振動をひき起こし，音波となって空気中を伝わ

る．音波が空気中を伝わるとき，空気の振動が空気中を伝わるだけで，音波とともに空気が移動することはない．図15・4のように，波の進む方向と垂直に振動する波を**横波**といい，波の進む方向と平行に振動する波を**縦波**という．縦波は，媒質が膨張した疎な状態と，媒質が圧縮された密な状態を繰返すことから，**疎密波**ともよばれる．音波は縦波であり，空気の振動する方向は音波の進む方向に一致する*．

* 振動によって生じた空気の膨張と圧縮は，1秒間に振動数に等しい回数繰返され，音波となって空気中を伝わる．人間が聞くことのできる音波の振動数は約20 Hzから約20 kHzであり，振動数が小さいほど低く聞こえ，振動数が大きいほど高く聞こえる．また，人間が聞くことのできない約20 kHz以上の振動数をもつ音波を**超音波**という．音波の伝わる速さは媒質によって異なり，空気中の音波の速さは14℃において約340 m s^{-1}である．

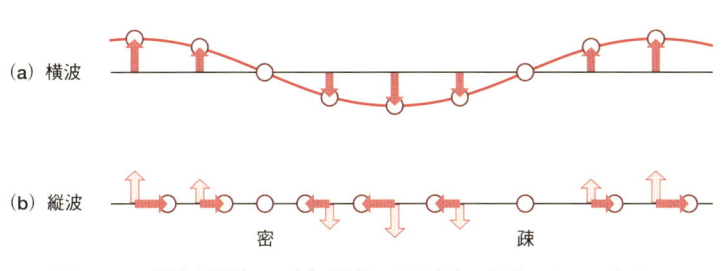

図15・4 横波と縦波 (a) 媒質の上下方向の振動によって生じるのが横波，(b) 前後方向の振動によって生じるのが縦波．縦波の様子を表す→の角度を90°変えると(⇧)，(a)の横波と同じになる．

光もまた波の性質をもつ現象の一つであり，その正体は電場と磁場が互いに垂直な方向に振動する**電磁波**（☞第19章）である．光は横波であり，電場や磁場が振動する方向は光の進む方向に直交する．人間が見ることのできる電磁波の波長は400 nmから800 nmであり，これを**可視光線**または単に光という．波長によって光は異なる色に見え，400 nmの波長をもつ光は紫色に，800 nmの波長をもつ光は赤色に見える．また，人間が見ることのできない400 nm以下の波長をもつ電磁波を**紫外線**といい，800 nm以上の波長をもつ電磁波を**赤外線**という．紫外線よりも短い波長をもつ電磁波には**X線**や**γ線**があり，赤外線よりも長い波長をもつ電磁波には**マイクロ波**や**ラジオ波**がある（図15・5）．

光の速さ：真空は光を伝える媒質である．真空中の光より速いものは存在せず，その速さは3.00×10^8 m s^{-1}で電磁波の種類によらず，波長の短いγ線も，波長の長いラジオ波も，同じ速さで伝わる．なお，真空中の光の速さをc，振動数をν（ニュー）で表すことが多い（☞§19・1）．

光の振動数：光の振動数は非常に大きい値になるため，光を表すには振動数でなく，波長を用いることが多い．なお，マイクロ波やラジオ波など振動数の比較的小さい電磁波は振動数で表される．

図15・5 電磁波の波長と名称 電磁波は波長に応じて固有の名称をもつ．目に見える電磁波が可視光線である．

やってみよう

▶真空中で 400 nm の波長をもつ紫色の光の振動数を求めましょう．ただし，真空中の光の速さを 3.00×10^8 m s^{-1} とします．

◀式 15・1 より，振動数は光の速さ c を波長 λ で割った値に等しく，400 nm の波長をもつ光の振動数 ν は以下のように求まります．

$$\nu = \frac{c}{\lambda} = \frac{3.00 \times 10^8 \text{ m s}^{-1}}{400 \times 10^{-9} \text{ m}} = 7.50 \times 10^{14} \text{ s}^{-1} = 7.50 \times 10^{14} \text{ Hz}$$

薬学への応用

薬を含むすべての物質は，ある特定の波長の電磁波のみを吸収したり，放出したりします．吸収されたり放出されたりする電磁波の波長や強度（振幅）を調べることで，薬の構造を知ることができます．

演習問題

1. 800 nm の波長をもつ赤色の光の振動数を求めなさい．
2. 500 MHz の振動数をもつ電磁波の波長を求めなさい．

第16章　正　弦　波

到達目標
1. 波が正弦関数で表されることを説明できる．
2. 正弦波の位相について説明できる．
3. 正弦波を作図できる．

考えてみよう
正弦（サイン）関数を見て，波を連想しませんか．実際に，波の形を正弦関数で表すことができますが，それはなぜでしょう．ばねにつるしたおもりが上下に振動するとき，おもりの位置は正弦関数で表すことができます．波源の振動を正弦関数で表すと，周囲に伝わる振動もやはり正弦関数で表され，媒質中を伝わる波は正弦関数の形をした正弦波になります．

16・1 位　相

おもりをつるしたばねを引っ張ると，ばねは伸び縮みを繰返し，おもりが上下に振動する．ばねの弾性力とおもりの重力がつりあう位置を原点にとり，原点からのおもりの位置の変化（**変位**）が時間の正弦関数で表される振動を**単振動**という[*1]．

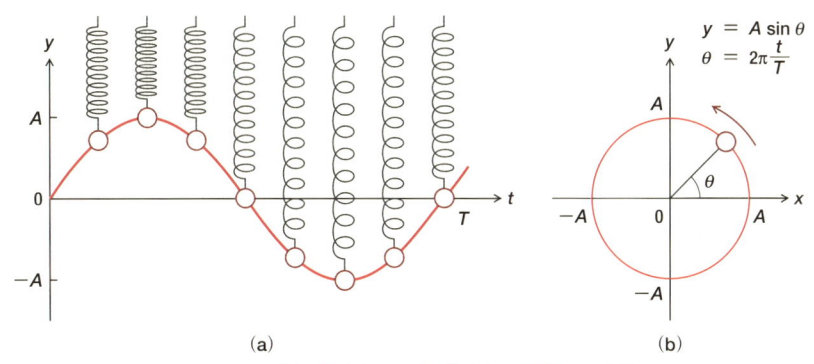

図16・1　単振動（a）と円運動（b）の関係　単振動も円運動も y の値は同じ式で表すことができる．

[*1] 単振動は等速円運動とよく似ており（☞ 第11章），等速円運動する物体を真横から眺めると，単振動しているように見える．

図16・1aのように，y 軸に沿って単振動するおもりの変位を考えよう．単振動の変位 y は，等速円運動する物体の y 座標に等しく（図16・1b），正弦関数を用いて以下のように表される．

$$y = A \sin \theta \qquad (16 \cdot 1)$$

ここで，A は変位の最大値を示す**振幅**，θ は周期運動の位置を示す**位相**である．円運動の場合，位相は物体と x 軸のなす角度である．

等速円運動の位相は，円運動が1周（2π rad）するたびに元の状態に戻る．1周期が経過すると位相が 2π だけ進むことから，時刻 t における位相 θ は，周期 T を用いて次式で与えられる[*2]．

[*2] §11・1の説明で，t 秒間に変化する角度が θ であるから，$2\pi : T = \theta : t$ より，式16・2が得られる．

$$\theta = 2\pi \frac{t}{T} \qquad (16\cdot 2)$$

16・2 波を表す式

波源で生じた単振動は，周囲の媒質の単振動をひき起こし，波となって媒質中を伝わる．図16・2のように，波源を原点Oにとり，波源の単振動がx軸に沿って伝わる波を考えよう．

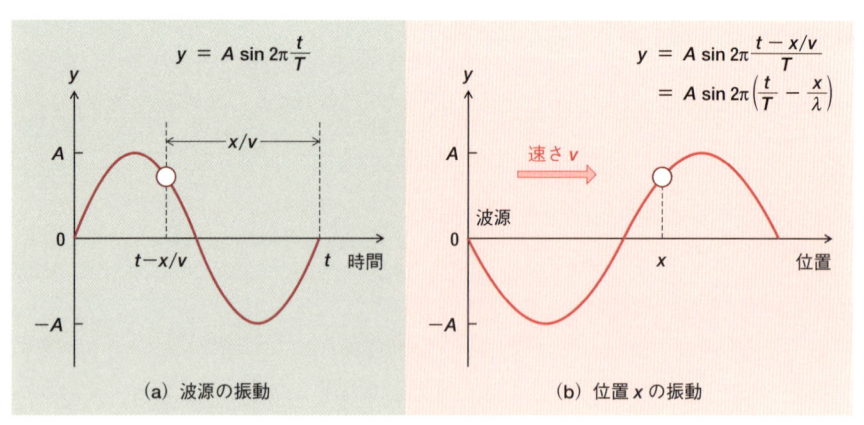

図16・2 (a) 波源の振動（横軸は時間t）と，(b) 位置xの振動（横軸は位置x）　速さvの波が位置xに到達するのにx/vだけ時間が掛かるので，位置xの媒質は波源よりx/vだけ遅れて振動する．

波の伝わる速さをvとすると，波源から出た波が位置xに達するまでの時間はx/vである．位置xの媒質は波源よりもx/vだけ遅れて単振動するため，時刻tにおける位置xの位相は，時刻$t-x/v$における波源の位相に一致する．式16・2のtに$t-x/v$を代入すると，位置xにおける位相θは以下のように導かれる*．

* 速さ$v = \dfrac{\text{距離}\,x}{\text{時間}\,t}$
  $= \dfrac{\text{波長}\,\lambda}{\text{周期}\,T}$
  （式15・1より）

$$\theta = 2\pi \frac{t-x/v}{T} = 2\pi\left(\frac{t}{T} - \frac{x}{vT}\right) = 2\pi\left(\frac{t}{T} - \frac{x}{\lambda}\right) \qquad (16\cdot 3)$$

ここで，λは波長である．したがって，位置xにおける媒質の変位yは，式16・1と式16・3より，次式で与えられる．

$$y = A\sin 2\pi\left(\frac{t}{T} - \frac{x}{\lambda}\right) \qquad (16\cdot 4)$$

単振動する媒質の変位は，時間tに対してだけでなく，位置xに対しても正弦関数で表される．このような波を**正弦波**という．

時刻$t=0$および$t=T/4$における正弦波を図16・3aに示す．式16・4に$t=0$を代入すると，時刻$t=0$における正弦波は次式で表される．

$$y = A\sin\left(-2\pi\frac{x}{\lambda}\right) = -A\sin 2\pi\frac{x}{\lambda} \qquad (16\cdot 5)$$

波源から1波長離れた位置では，位相が2πだけ遅れ，波源の位相と一致する．波が伝わるには時間が掛かるため，波源から遠ざかるにつれて位相が遅れ，2πの整数倍になるたびに波源の位相と一致し，波形が繰返される．一方，時刻$t=T/4$の正弦波は$t=0$の正弦波よりも，x軸を正の方向に$\lambda/4$だけ移動する．

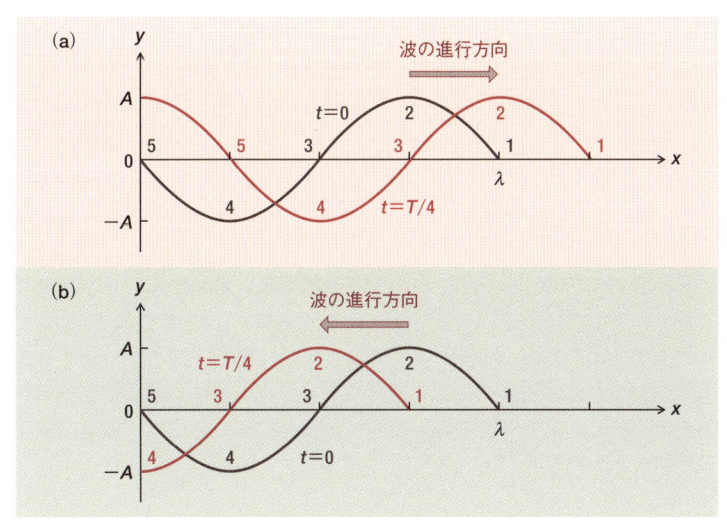

図 16・3 正弦波の進行方向（横軸は位置 x） 時刻 t=0 の波の各点は，T/4 の間に矢印の方向に進み，時刻 t=T/4 の波の各点に一致する．

このように時間とともに移動する波を**進行波**という．進行波では，波形は移動するが，媒質の各点は上下に振動するだけである．また，式 16・4 の x/λ の符号を正にすると（式 16・6），図 16・3b のように x 軸を負の方向に移動する進行波になる．

$$y = A \sin 2\pi \left(\frac{t}{T} + \frac{x}{\lambda} \right) \qquad (16 \cdot 6)$$

図 16・3b では，時刻 t=T/4 の正弦波は t=0 の正弦波よりも，x 軸を負の方向に λ/4 だけ移動する．符号の正負により進行方向は反対になるが，波の速さはともに v=λ/T である．

やってみよう

▶ 式 16・4 の正弦関数を用いて，時刻 t=0 および t=T/4 における正弦波を作図しましょう．

◀ 時刻 t=0 と t=T/4 のそれぞれについて，式 16・4 の x に λ/8 間隔で値を代入し，各位置の変位を求めます．位置と変位から成る座標 (x, y) をプロットし，各点を滑らかな曲線で結ぶと，図 16・4 のような正弦波が得られます．

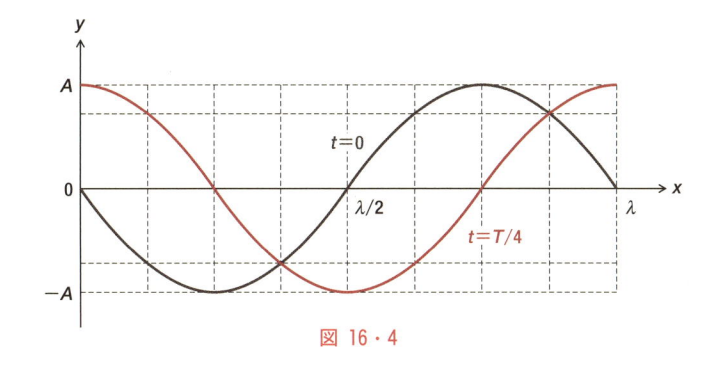

図 16・4

＊ 三角関数の加法定理
$\sin(\alpha \pm \beta) = \sin\alpha\cos\beta \pm \cos\alpha\sin\beta$

また，三角関数の公式＊を用いて，時刻 $t=T/4$ における正弦波を以下のように計算することもできます．

$$y = A\sin 2\pi\left(\frac{T/4}{T} - \frac{x}{\lambda}\right) = A\sin\left(\frac{\pi}{2} - 2\pi\frac{x}{\lambda}\right) = A\cos 2\pi\frac{x}{\lambda} \quad (16\cdot 7)$$

薬学への応用

薬（分子）をつくっているそれぞれの原子は原子核と電子からできています．電子は粒子ですが，実は電子くらいの大きさの物質は波としての性質ももっています（☞ 第 27，28 章）．薬の形（構造）や化学的性質は，電子を波として考えることで導かれる式（波動方程式）を解くことで得られます．最も単純な波動方程式の解が正弦波になります．物理化学の成書に詳しいことが書かれているので，興味のある人はひもといてみてください．

演習問題

1. $y = 3\sin 2\pi\left(\frac{t}{8} - \frac{x}{4}\right)$ で表される波の周期は $\boxed{a}$，波長は $\boxed{b}$，振幅は $\boxed{c}$ である．
2. 問題 1 の波で (a) $t=0, x=0$，(b) $t=0, x=4$，(c) $t=8, x=0$，(d) $t=4, x=3$ のときの位相を求めなさい．
3. "やってみよう" に倣い，問題 1 の波の時刻 $t=0$ および $t=4$ における正弦波を作図しなさい．

第17章 波の重ねあわせ

到達目標
1. 波の独立性と重ねあわせの原理を説明できる．
2. 波の干渉について説明できる．
3. 正弦波の干渉による合成波を作図できる．

考えてみよう　石けん水は無色透明なのに，シャボン玉が七色に見えるのはなぜでしょう．シャボン玉に光が当たると，膜の外側と内側の両面で反射し，二つの光が重なって目に入ります．シャボン玉の膜厚や光の反射する角度によって，二つの光の位相に差が生じます．位相の一致した光は互いに強めあい，位相の異なる光は互いに弱めあうため，位相の一致した光だけが目に見えます．目に見える光の波長はシャボン玉の膜厚や光の反射する角度によって変化するため，シャボン玉は七色に見えます．

17・1 波の合成

二つの波がぶつかっても，それぞれの波の振幅や波長が変化することはない*．これを**波の独立性**という．また，二つの波が重なる位置における媒質の変位は，それぞれの波による**変位の和**に等しい．これを**波の重ねあわせの原理**という．

* 一方，二つの物体がぶつかると，それぞれの物体の速度や形が変化する（☞ 第8章）．

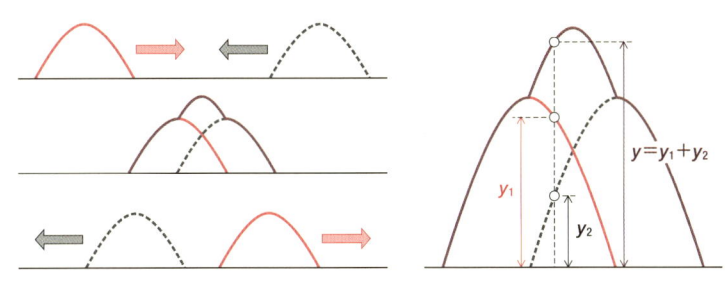

図 17・1 波の独立性と重ねあわせの原理　波はぶつかってもその形を保つので，ぶつかっている最中の合成波（—）は，それぞれの波を重ねあわせた（和をとった）ものになる．

図17・1のように，二つのパルス波がぶつかったときは，波の独立性により，それぞれの波形を保ったまま通り抜ける．そして，二つのパルス波が重なる位置では，波の重ねあわせの原理により，二つの波形を重ねあわせた**合成波**となる．パルス波1による媒質の変位を y_1，パルス波2による媒質の変位を y_2 とすると，合成波による媒質の変位 y は次式で与えられる．

$$y = y_1 + y_2 \quad (17\cdot1)$$

17・2 波の干渉

複数の波が重なって，強めあったり，弱めあったりする現象を**波の干渉**とい

*1 たとえば，図 16・3 の二つの波の位相差は (a)，(b) ともに π/2 である．

う．位相の異なる二つの正弦波の干渉を考えよう．図 17・2a のように，山と山，谷と谷が重なると，波は互いに強めあい振幅が大きくなるのに対し，図 17・2b のように，山と谷が重なると，波は互いに弱めあい振幅は小さくなる．二つの波の位相のずれを**位相差**という[*1]．

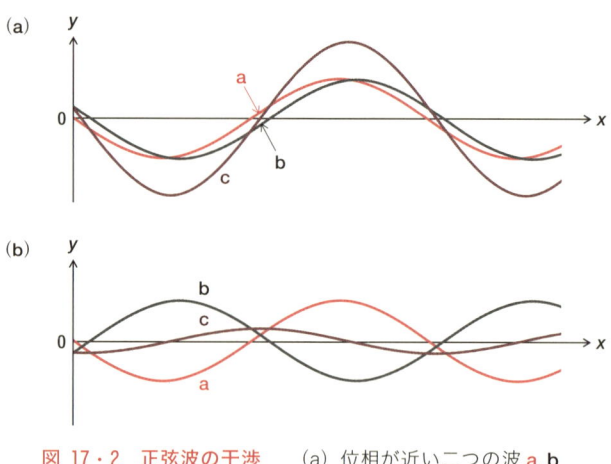

図 17・2 正弦波の干渉 (a) 位相が近い二つの波 **a**, **b** (山と山，谷と谷が近い) が重なると，大きな振幅の波 **c** ができる．(b) 位相が π くらいずれている二つの波 **a**, **b** (山と谷が近い) が重なると，小さい振幅の波 **c** ができる．

位相差が π の偶数倍となる二つの波の関係を**同位相**，位相差が π の奇数倍となる二つの波の関係を**逆位相**という．n を任意の整数とすると，同位相の二つの正弦波は完全に一致し，合成波の振幅は 2 倍になる．

$$y = A \sin\theta + A \sin(\theta + 2n\pi) = 2A \sin\theta \qquad (17\cdot2)$$

一方，逆位相の二つの正弦波は完全に打ち消しあう．

$$y = A \sin\theta + A \sin[\theta + (2n+1)\pi] = A \sin\theta - A \sin\theta = 0 \qquad (17\cdot3)$$

17・3 波の干渉と波長の関係

図 17・3 のように，異なる二つの波源 O と O′ で生じた正弦波の合成波を考えよう．波源 O で生じた正弦波は波源 O′ で生じた正弦波よりも L だけ長い距離を伝わるため，位相が $2\pi L/\lambda$ だけ遅れる[*2]．

*2 式 16・3 に $t=0, x=0$ を代入したものと $t=0, x=-L$ を代入したものの差となる．

したがって，L が波長の整数倍のとき位相差は π の偶数倍となり，同位相の二つの正弦波は互いに強めあう．一方，L が波長の半整数倍のとき位相差は π の奇数倍となり，逆位相の二つの正弦波は互いに弱めあう．

強めあう条件：$L = n\lambda$, 弱めあう条件：$L = \left(n + \dfrac{1}{2}\right)\lambda$ (17・4)

ここで，n は任意の整数である．"考えてみよう" に述べたようにシャボン玉が七色に見えるのは，膜の外側と内側の両面で反射した二つの光が干渉し，特定の波長の光が強めあったり，弱めあったりするためであり，光の波動性（☞ 第 19

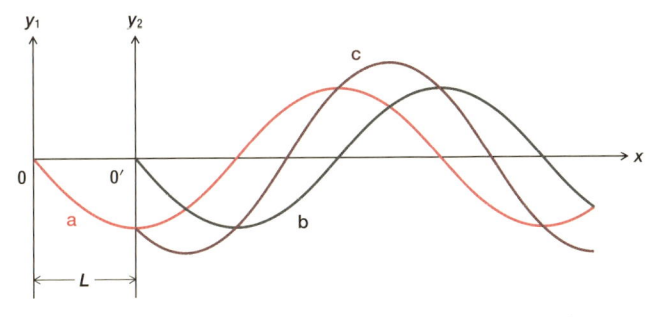

図 17・3　異なる二つの波源で生じた正弦波の干渉　　波源 O で生じた波 a と波源 O′ で生じた波 b の合成波は c となる．

章）を示す現象の一つである．

やってみよう

▶ 位相の異なるつぎの二つの正弦波を重ねあわせて，合成波を作図しましょう．

$$y_1 = A\sin\left(-2\pi\frac{x}{\lambda}\right), \qquad y_2 = A\sin\left(\frac{\pi}{2} - 2\pi\frac{x}{\lambda}\right) \quad (17\cdot5)$$

◀ それぞれの正弦波の x に $\lambda/8$ 間隔で値を代入し，各位置における変位の和 $y = y_1 + y_2$ を求めます．位置と変位から成る座標 (x, y) をプロットし，滑らかな曲線で結ぶと，図 17・4 のような合成波が得られます．

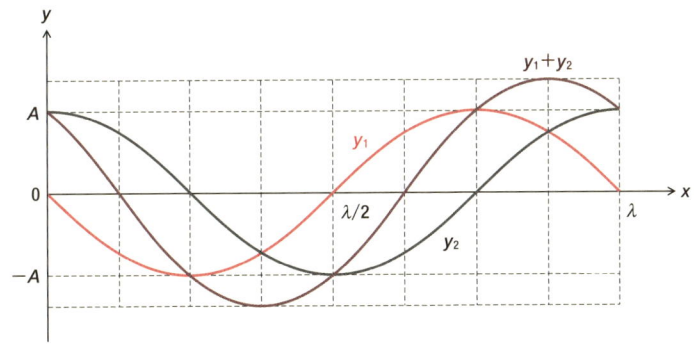

図 17・4

また，三角関数の公式を用いて，合成波を以下のように導くこともできます*．

$$y = A\sin\theta_1 + A\sin\theta_2 = 2A\sin\frac{\theta_1+\theta_2}{2}\cos\frac{\theta_1-\theta_2}{2}$$
$$= 2A\sin\left(\frac{\pi}{4} - 2\pi\frac{x}{\lambda}\right)\cos\left(-\frac{\pi}{4}\right) = \sqrt{2}A\sin\left(\frac{\pi}{4} - 2\pi\frac{x}{\lambda}\right) \quad (17\cdot6)$$

* 加法定理より，
$\sin(\alpha+\beta) = \sin\alpha\cos\beta + \cos\alpha\sin\beta$
$\sin(\alpha-\beta) = \sin\alpha\cos\beta - \cos\alpha\sin\beta$
$\sin(\alpha+\beta) + \sin(\alpha-\beta) = 2\sin\alpha\cos\beta$

$\theta_1 = \alpha+\beta$, $\theta_2 = \alpha-\beta$ とすると，$\theta_1+\theta_2 = 2\alpha$ より，
$$\alpha = \frac{\theta_1+\theta_2}{2}$$
$\theta_1 - \theta_2 = 2\beta$ より，
$$\beta = \frac{\theta_1-\theta_2}{2}$$

薬学への応用

薬の構造を調べることは，薬の効き方を知るうえでとても重要になります．その一つがレントゲン撮影にも使われる電磁波の X 線を使う方法です．詳しいことは後学

年で学びますが，X線の干渉を利用して，薬の構造を知ることができます．光学異性をもつ薬の場合，この方法が薬の正確な構造を知る唯一の手段になります．

演習問題

1. "やってみよう"に倣い，二つの波が干渉する様子をつぎの2組について作図し，確認しなさい．

$$y_1 = A\sin\left(-2\pi\frac{x}{\lambda}\right), \qquad y_2 = A\sin\left(\pi - 2\pi\frac{x}{\lambda}\right)$$
$$y_1 = A\sin\left(-2\pi\frac{x}{\lambda}\right), \qquad y_2 = A\sin\left(2\pi - 2\pi\frac{x}{\lambda}\right)$$

第18章 定 常 波

到達目標
1. 定常波が生じる仕組みを説明できる.
2. 定常波の腹と節が移動しないことを説明できる.
3. 弦の固有振動数が飛び飛びの値をとることを説明できる.

考えてみよう
楽器を強く吹いたり強く弾いたりしても,音が大きくなるだけで,音の高さは変わりませんが,それはなぜでしょう.管楽器では空気が,弦楽器では弦が媒質となって,振動を伝える波が生じます.波は管や弦の両端で反射を繰返し,どちらの方向にも移動しない定常波を形成します.定常波の振動数は管や弦の長さで決まるため,強く吹いたり強く弾いたりしても,音の高さが変わることはありません.

18・1 動いていないように見える定常波

波長と振幅が等しく,互いに逆向きに進む二つの波がぶつかると,それぞれの波は進んでいるにもかかわらず,波がその場に停滞しているように見える.このように,どちらの方向にも移動しない波を**定常波**という.

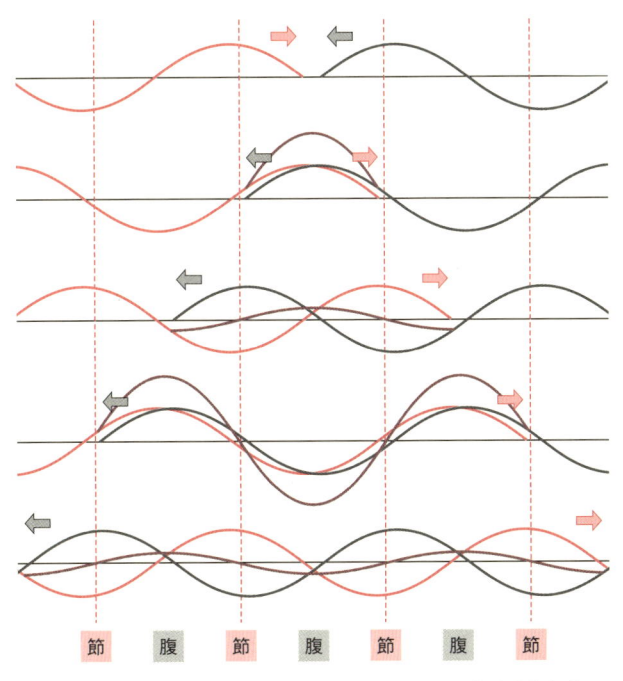

図 18・1 定常波の形成 逆向きに進む二つの波が重なりあうと,どちらの方向にも移動しない定常波が生じる.定常波には,媒質がまったく振動しない節と,最大の振幅で振動する腹がある.

図18・1のように,x軸を正負の方向に進む二つの正弦波の干渉によって生じる定常波を考えよう.ある瞬間の波形を見る限り,定常波も二つの正弦波の合成

波に他ならないが，時間が経過するにつれ，進行波とは異なる特徴が現れる．定常波には，媒質がまったく振動しない**節**と，最大の振幅で振動する**腹**があり，節や腹の位置はx軸の正負どちらの方向にも移動しない．また，隣りあう節と節，腹と腹の間隔は半波長$\lambda/2$に等しい．

18・2　定常波が生じる条件

x軸を正負の方向に進む正弦波は，式16・4と式16・6より，それぞれ次式で表される．

$$y_1 = A\sin 2\pi\left(\frac{t}{T} - \frac{x}{\lambda}\right), \qquad y_2 = A\sin 2\pi\left(\frac{t}{T} + \frac{x}{\lambda}\right) \quad (18\cdot 1)$$

*p.65 欄外参照．

これらの正弦波を合成して得られる定常波は，三角関数の公式*を用いて以下のように導かれる．

$$\begin{aligned} y &= y_1 + y_2 = A\sin\theta_1 + A\sin\theta_2 = 2A\sin\frac{\theta_1+\theta_2}{2}\cos\frac{\theta_1-\theta_2}{2} \\ &= 2A\sin 2\pi\frac{t}{T}\cos\left(-2\pi\frac{x}{\lambda}\right) = 2A\sin 2\pi\frac{t}{T}\cos 2\pi\frac{x}{\lambda} \end{aligned} \quad (18\cdot 2)$$

xが$\lambda/4$の奇数倍の位置は節に当たり，振幅が0となり，まったく振動しないのに対し，xが$\lambda/2$の整数倍の位置は腹に当たり，振幅が$2A$の単振動をする．

$$\begin{aligned} \text{節：} & \quad x = \frac{(2n+1)\lambda}{4} \quad \text{のとき} \quad y = 0 \\ \text{腹：} & \quad x = \frac{n\lambda}{2} \qquad \text{のとき} \quad y = 2A\sin 2\pi\frac{t}{T} \end{aligned} \quad (18\cdot 3)$$

ここで，nは任意の整数である．したがって，定常波は図18・1のように，時間の経過とともに振幅が変化するだけで，波形はx軸の正負どちらの方向にも移動しない．

18・3　定常波の固有振動数

弦の両端を固定して弾くと，振動が波となって弦を伝わる．波は弦の両端で反射を繰返し，互いに逆向きに進む波が重なりあうため，定常波が生じる．ただし，定常波が生じるには，図18・2のように，節の位置が弦の両端に一致する必要がある．節と節の間隔は半波長$\lambda/2$であり，弦の長さLが$\lambda/2$の整数倍に等しい場合に限り，定常波が生じる．

$$L = \frac{n\lambda}{2} \quad (18\cdot 4)$$

ここで，nは任意の正の整数であり，定常波の腹の数に等しい．

長さLの弦において，n個の腹をもつ定常波の波長λ_nと振動数f_nは，波の速さvを用いて次式で与えられる．

$$\lambda_n = \frac{2L}{n}, \qquad f_n = \frac{v}{\lambda_n} = \frac{nv}{2L} \quad (18\cdot 5)$$

定常波が生じる弦の振動を**固有振動**といい，その振動数を**固有振動数**という．弦

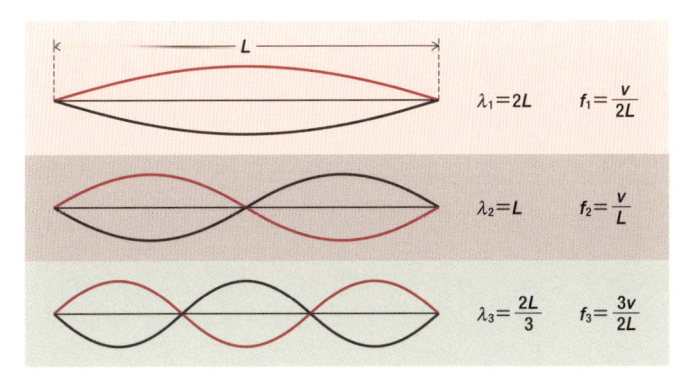

図 18・2 弦の固有振動

の固有振動数は飛び飛びの値をとり，振動数が最も小さい固有振動（$n=1$ のとき）を**基本振動**といい，基本振動の整数倍の振動数をもつ固有振動（$n=2, 3, \cdots$ のとき）を**倍振動**という．

やってみよう

▶ 式 18・2 を用いて定常波を作図し，節や腹の位置が移動しないことを確認しましょう．

◀ たとえば，時刻 $t=T/4$ における定常波は以下のように導かれます．

$$y = 2A \sin 2\pi \frac{T/4}{T} \cos 2\pi \frac{x}{\lambda} = 2A \sin \frac{\pi}{2} \cos 2\pi \frac{x}{\lambda}$$
$$= 2A \cos 2\pi \frac{x}{\lambda} \tag{18・6}$$

同様に，時刻 t に $T/8$ 間隔で値を代入し，得られた定常波を図 18・3 に示します．このように，定常波の節と腹の位置は x 軸の正負どちらの方向にも移動しません．

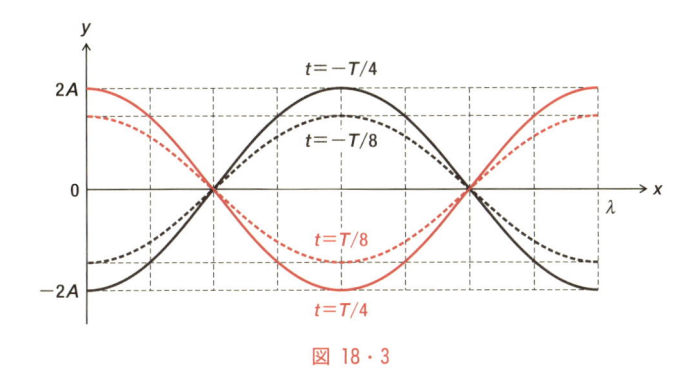

図 18・3

薬学への応用

第 16 章の "薬学への応用" で述べたように，電子は粒子であると同時に波としての性質をもっています．波ですから，いつかは干渉して無くなってしまいそうです

が，波長が定常波の条件（$L=n\lambda/2$）を満たす波は消えることなく，いつまでもその姿を保つことができます．このように，定常波条件には整数 n が含まれているため，定常波は飛び飛びの波長しかもつことができません．このことが後学年で学ぶ原子軌道（☞ 第 28 章）につながります．

演習問題

1. "やってみよう" に倣い，振幅が 3，周期が 8，波長が 4 で x 軸を互いに逆向きに進む波について，$t=0, 1, 2, 3, 4, 5, 6, 7$ における定常波を作図しなさい．また，節と節の間隔を求め，波長と比較しなさい．

2. 長さ 1.00 m の弦を弾いたとき，440 Hz の音（ラの音）がした．この弦の基本振動の固有振動数は $\boxed{a}$ Hz，波長は $\boxed{b}$ m，弦を伝わる波の速さは $\boxed{a}$ Hz × $\boxed{b}$ m = $\boxed{c}$ m s^{-1} である．

第19章 光の性質

到達目標
1. 光の性質（波動性）について説明できる．
2. 光の反射と屈折を説明できる．
3. 光の分散を説明できる．

考えてみよう　雨上がりの空に七色の虹が見えることがよくありますが，それはなぜでしょう．雨がやんだ直後の大気には雨粒が多く含まれており，雨粒で反射した太陽の光が人間の目に入ります．大気中から雨粒に光が入るとき，その境界面で光は折れ曲がります．光の波長によって折れ曲がる角度が異なるため，七色の光に分かれて，きれいな虹が目に映ります．

19・1　光の速さ

光の正体は，電場と磁場の振動が空間を伝わる電磁波である[*1]．図19・1のように，電磁波は横波であり，電場と磁場が振動する方向は光の進行方向に直交し，電場と磁場もまた互いに直交する．光が波の性質をもつことから，光の速さ c 〔m s^{-1}〕は振動数 ν[*2]〔Hz=s^{-1}〕と波長 λ〔m〕を用いて次式で与えられる．

$$c = \nu\lambda \tag{19・1}$$

真空中の光の速さは $c=3.00\times10^8$ m s^{-1} であり，すべての電磁波に共通する．

[*1] 電磁波の波長は広範囲にわたる（☞ §15・3）が，人間が見ることのできる電磁波（可視光線）の波長は 400〜800 nm である．日常生活では可視光線のことを光とよぶが，物理の光は，電磁波のことを示す．

[*2] ν はギリシャ文字でニューと読む（☞ p.57 欄外）．

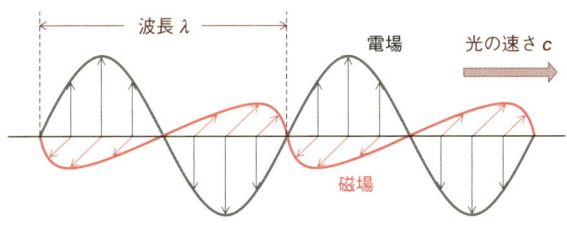

図19・1　光の正体　光は電場とそれに直交する磁場の振動による波である．

19・2　光の屈折

水やガラスのように透明な物質中を光が通過するとき，物質を構成する原子や分子と光が相互作用するため，物質中の光の速さは真空中よりも遅くなる[*3]．図19・2aのように，真空中から物質中に光が入射すると，光の速さは物質中で遅くなるため，光の進行方向が境界面で折れ曲がる現象，**屈折**が生じる．屈折によって光が折れ曲がる割合を**屈折率**といい，入射角 θ_i で入射した光が，境界面において屈折角 θ_r で屈折するとき，屈折率 n は次式で与えられる．

$$屈折率\, n = \frac{\sin\theta_i}{\sin\theta_r} \tag{19・2}$$

[*3] 光の進行が物質に邪魔されると考える．光が物質に吸収されるという別の相互作用もある．

物質中の光の速さ c_r：真空中の光の速さ c を物質の絶対屈折率 n で割った値に等しい．

$$c_r = \frac{c}{n}$$

で与えられる．

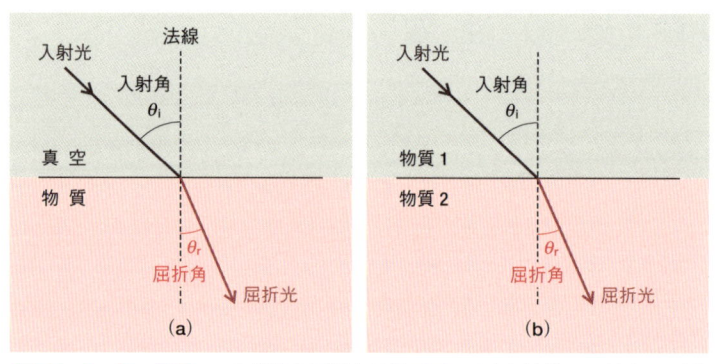

図 19・2 光の屈折 入射角と屈折角は境界面に垂直な法線と入射光,屈折光のなす角である. (a) 真空中から物質中に入射する光の屈折率は絶対屈折率であり,(b) 物質1から物質2に入射する光の屈折率は相対屈折率である.

図 19・2a のように,真空中から物質中に入射した光の屈折率を**絶対屈折率**または単に屈折率といい,図 19・2b のように,ある物質から別の物質に入射した光の屈折率を**相対屈折率**という.絶対屈折率は物質固有の値であるが,温度や光の波長によって値は変化する(表 19・1).

物質1から物質2に入射した光の相対屈折率 n_{12} は,物質1の絶対屈折率 n_1 に対する物質2の絶対屈折率 n_2 の比に等しく,$n_{12}=n_2/n_1$ である.たとえば,水中($n_1=1.33$)からガラス中($n_2=2.0$)に入射した光の相対屈折率は,$n_{12}=n_2/n_1=2.0/1.33=1.5$ となる.

表 19・1 絶対屈折率[†1]

物 質	絶対屈折率
真 空	1
空 気	1.000 28
水	1.33
石 英	1.46
ダイヤモンド	2.42
ガラス[†2]	1.4〜2.1

[†1] 真空の絶対屈折率は1なので,真空中から物質中に入射した光の相対屈折率は,物質の絶対屈折率となる.20℃,波長589 nm で測定.
[†2] ガラスは,材質により屈折率が異なる.

19・3 光の反射と全反射

光が境界面を通るとき,一部は反射光となり,残りは屈折光となる.入射光の入射角が θ_i のとき,反射光の反射角も θ_i となる.

つぎに,図 19・3 のように,光が屈折率の大きい物質から小さい物質に入射する場合の屈折について考えよう.この場合,入射角よりも屈折角が大きくなる.入射角が**臨界角**とよばれる角度に達すると,屈折角は 90°になり,光は境界面に沿って進行する.入射角が臨界角より大きい角度で入射する光は,屈折率の小さい物質に進入することなく,境界面ですべて反射する.これを**全反射**という.

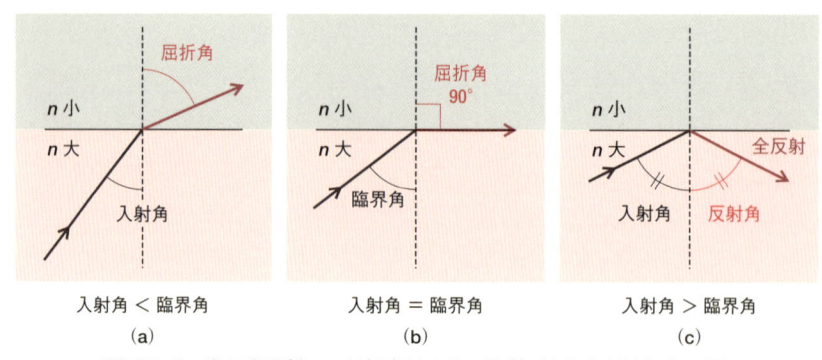

図 19・3 光の全反射 屈折率が大きい物質(たとえば水)から屈折率が小さい物質(たとえば空気)に光が入射するとき,入射角が臨界角より大きくなると,光は屈折率が小さい物質の中に入れなくなる.

19・4 光の分散と回折

　物質の屈折率は光の波長によって異なる[*1]．前述したように虹が七色に見えるのは，大気中の雨粒による屈折率が光の波長によって異なるためである．図19・4のようなプリズムでは，透過した光は波長によって異なる方向に進行する．一般に，光の波長が短いほど屈折率は大きく，波長が長いほど屈折率は小さい．太陽や電球の光（白色光）をプリズムに通すと，光の波長が短くて屈折率が大きい方から順に，紫，藍，青，緑，黄，橙，赤の七色の光に分かれる．これを**光の分散**という．光の分散を利用すれば，特定の波長をもつ光（単色光）を選択的に取出すことができる．このような装置を**分光器**といい，プリズムの他にも**回折格子**[*2]がある．

[*1] 日本薬局方の屈折率測定法では 589 nm の光を用いることにしている．

[*2] 回折格子とは，スリット（細い隙間）による回折や，規則正しく凹凸を付けた表面により光の反射と干渉を同時にひき起こすもので，プリズムと同様に白色光から単色光を取出すことができる．

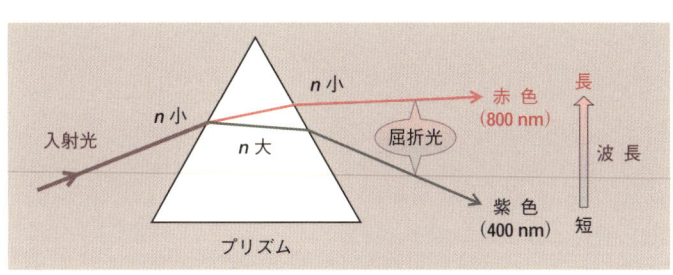

図 19・4 光の分散　屈折率は波長によって異なり，波長の短い光ほど屈折率は大きい．

　波には，細い隙間や小さな穴を通るとき，それらの角に当たって進行方向を変える性質がある．これを**回折**という．回折にも，屈折と同じように，波長依存性がある．

回折：波が障害物の裏側に回り込む現象．波長が長いほど回折する角度は大きい．

やってみよう

▶水中を通って真空中に抜け出す光の臨界角を求めましょう．
◀臨界角は屈折角が 90° となる光の入射角であり，水の絶対屈折率を 1.33 とすると，臨界角 θ_c は式 19・2 を用いて以下のように求まります．ただし，水中（$n_1=1.33$）から真空中（$n_2=1$）に入射する光の相対屈折率は $n_{12}=n_2/n_1=1/1.33$ とします．

$$\frac{1}{1.33} = \frac{\sin \theta_c}{\sin 90°} \quad \text{より，} \sin \theta_c = 0.752 \quad \text{となるから，} \quad \theta_c = 48.8°$$

この臨界角を超える角度で入射した光は，屈折することなく，すべて全反射します．

薬学への応用

　光を使った分析には，分光器は欠かせません．また，光の全反射を利用した光ファイバーは，胃カメラなどの内視鏡に用いられます．光ファイバーは，屈折率の大きいガラスを屈折率の小さいガラスで覆ったもので（図19・5），臨界角を超える角度でファイバーに入射した光は，外部に漏れることなく，全反射を繰返しながらファイバーを伝わります[*3]．

[*3] 光源から出た光は，球状に広がるので，単位面積当たりの光の量は，光源からの距離の 2 乗に反比例して弱くなる．しかし，光ファイバー内では，光は広がらないので，その光量をほとんど失わずに伝わることができる．

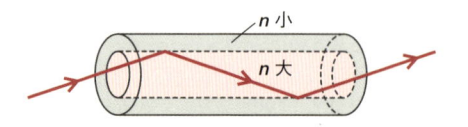

図 19・5 光ファイバーの原理

演習問題

1. ダイヤモンド（$n_1=2.42$）から空気（$n_2=1$ とする）に光が抜け出すときの臨界角はいくらか．

2. 真空中から物質中（$n=1.5$）に入射角が 30°, 45°, 60° で侵入するときの様子を，図 19・2 に倣い作図しなさい．

IV

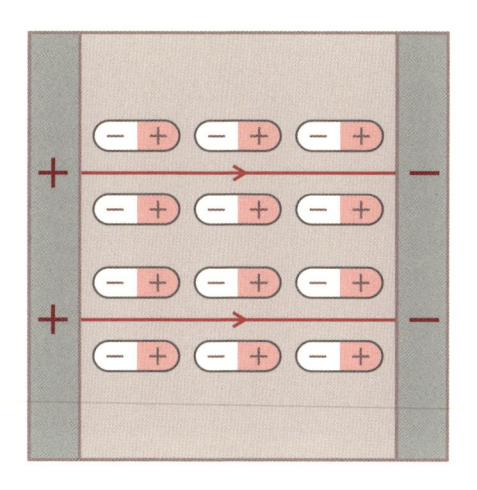

電 磁 気

第20章　電　　　荷

到達目標
1. 電荷と電気素量について説明できる．
2. クーロンの法則を説明できる．
3. クーロン力の重ねあわせの原理を説明できる．

考えてみよう
ドアノブに触れた瞬間，静電気を感じることがありますね．異素材の服を重ね着する冬の季節には，特に多いでしょう．ナイロンやウール，レーヨンは正の電気を帯びやすく，アクリルやポリエステルは負の電気を帯びやすいため，両者を擦りあわせると電気の移動が起こります．異符号の電気は互いに引きあうため，服同士がくっつきやすくなります．また，服を脱ごうとすると，移動した電気が元に戻ろうとして，パチパチと静電気の放電が起こります．

20・1　電荷と電気素量

材質の異なる二つの物体を擦りあわせると，一方から他方に電子が移動することがある．電子は負の電気を帯びているため，電子を得た物体は負の電気を帯び，電子を失った物体は正の電気を帯びる．電気を帯びた二つの物体を引き離すと，電気がそれぞれの表面にとどまることがある．物体が帯びている電気の量を**電荷**という[*1]．

電気には正と負の2種類しかない．正の電気を帯びた物体は**正電荷**をもち，負の電気を帯びた物体は**負電荷**をもつ．物体の間で電荷が移動することがあっても，移動の前後で電荷の総量は変化しない．これを**電荷保存則**という．電荷は電子の過不足によって生じるため，すべての電荷は電子がもつ電荷の整数倍となる．電子がもつ電荷の大きさを**電気素量**といい，$e = 1.60 \times 10^{-19}$ C である．電荷のSI組立単位は **C（クーロン）** であり，1 A（アンペア）の電流が1秒間に運ぶ電荷を 1 C と定義する（1 C = 1 s A）．

[*1] 電荷の本来の意味は，電気の量であるが，電子や陽子といった電気を帯びた粒子も電荷ということがある．

20・2　イオン

原子を構成する陽子は $+e$ の正電荷をもち，電子は $-e$ の負電荷をもつが，中性子は電荷をもたない．1個の原子は陽子と同数の電子を含むため，電荷をもたず，電気的に中性な状態にある．また，複数の原子から成る分子も，分子全体でみると陽子と同数の電子を含むため，電荷をもたず，電気的に中性な状態にある．原子や分子の間で電子のやりとりが行われると，電子の過不足が生じ，正または負の電気を帯びた**イオン**になる[*2]．

[*2] 電子を得た原子や分子は負電荷をもつ**陰イオン**になる．これに対し，電子を失った原子や分子は正電荷をもつ**陽イオン**になる．

20・3　電荷の間に働くクーロン力

二つの電荷を近づけると，反発しあったり，引きあったりする**クーロン力**が働く．図20・1のように，**同符号**の電荷間に働くクーロン力は**反発力**となり，**異符号**の電荷間に働くクーロン力は**引力**となる．

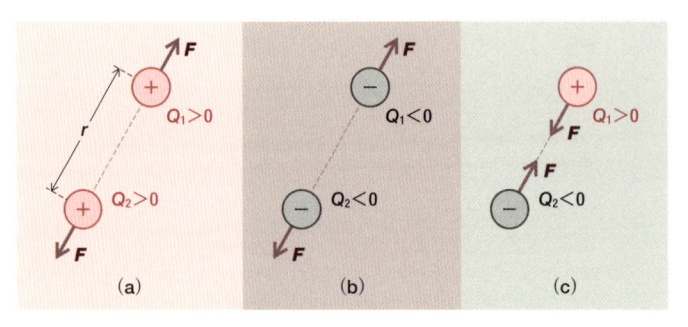

図 20・1 二つの点電荷の間に働くクーロン力　クーロン力はベクトル量であり，同符号の電荷間では反発力（a,b）となり，異符号の電荷間では引力（c）となる．

　クーロン力は，二つの電荷が近づくほど強く，またそれぞれの電荷の値が大きいほど強い．電荷の大きさを無視して，1点に集中した**点電荷**を仮定すると，距離 r だけ離れた二つの点電荷 Q_1, Q_2 に働くクーロン力の大きさ F は次式で与えられる．

$$F = k\frac{Q_1 Q_2}{r^2} \qquad (20・1)$$

これを**クーロンの法則**という．比例定数 k は真空中において 8.99×10^9 N m^2 C^{-2} であり，点電荷を取囲む物質によって値は変化する*．

* $k=1/4\pi\varepsilon_0$ で，ε_0 は真空の誘電率である．真空中以外では，$k=1/4\pi\varepsilon_0\varepsilon_r$ で，ε_r は周囲の物質の比誘電率である（☞ 第22章）．

20・4　クーロン力の重ねあわせ

　ある点電荷に働くクーロン力は，周囲の点電荷から働くクーロン力の合力となる（☞ 第2章）．図 20・2 のように，三つの点電荷を置き，二つの点電荷 Q_1, Q_2 から点電荷 Q に働くクーロン力を考えよう．点電荷 Q_1 から働くクーロン力を $\boldsymbol{F_1}$，点電荷 Q_2 から働くクーロン力を $\boldsymbol{F_2}$ とすると，点電荷 Q に働くクーロン力 $\boldsymbol{F}$ は，$\boldsymbol{F_1}$ と $\boldsymbol{F_2}$ のベクトル和で与えられる．

$$\boldsymbol{F} = \boldsymbol{F_1} + \boldsymbol{F_2} \qquad (20・2)$$

さらに多くの点電荷が存在する場合にも，ある点電荷に働くクーロン力は，周囲の点電荷から働くクーロン力のベクトル和で与えられる．これを**クーロン力の重ねあわせの原理**という．

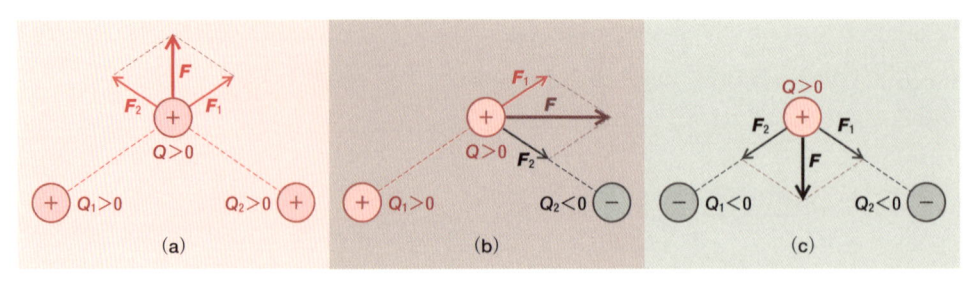

図 20・2 クーロン力の重ねあわせの原理　クーロン力はベクトル量なので，三つ以上の電荷による合力はベクトルの和で表すことができる．

やってみよう

▶ 水素分子に含まれる二つの原子核の間に働くクーロン力の大きさを求めましょう.
◀ 水素の原子核は1個の陽子から成り，$+e$ の正電荷をもちます．水素分子の原子間距離を 0.0741 nm とすると，原子核間に働くクーロン力の大きさは，式 20・1 より以下のように求まります.

$$F = k\frac{e^2}{r^2} = \frac{(8.99 \times 10^9 \text{ N m}^2 \text{ C}^{-2}) \times (1.60 \times 10^{-19} \text{ C})^2}{(0.0741 \times 10^{-9} \text{ m})^2} = 4.19 \times 10^{-8} \text{ N}$$

二つの原子核がともに正電荷をもつことから，原子核間には強い反発力が働きます[*]が，負電荷をもつ電子がこの反発力に逆らって原子核同士を結び付ける役割を担っています.

[*] 4.19×10^{-8} N という値は，とても小さく感じられるかもしれませんが，原子や分子の世界では非常に強い力となります．陽子の質量は 1.67×10^{-27} kg であり，陽子に働く重力 1.64×10^{-26} N と比較すれば，水素分子の原子核間に働くクーロン力がいかに強いかがわかるでしょう.

薬学への応用

原子や分子は，正の電気をもつ原子核と負の電気をもつ電子との間のクーロン力によって成り立っています．分子間に働く力にはいくつかの種類がありますが，突き詰めればすべてクーロン力によって成り立っています．分子間に働く力の大小は，薬の効き方に大きな影響を与えるので，クーロン力はぜひ理解するようにしましょう.

演習問題

1. 真空中で Na^+ と Cl^- がクーロン力のみで接触していると考えたときのクーロン力の大きさを求めなさい．ただし，Na^+ と Cl^- のイオン半径は，それぞれ 0.095 nm, 0.181 nm とする.

第 21 章　電場と電位

到達目標
1. 電場と電気力線について説明できる．
2. 電気力線を作図できる．
3. 電位と電圧について説明できる．

考えてみよう　電気製品を動かすには電池が必要ですが，電池はどのような役割を果たすのでしょうか．電池には，電位の高いところと低いところをつくりだす働きがあります．水が水位の高いところから低いところに流れるように，電気もまた電位の高いところから低いところに流れます．電気の流れにはさまざまな現象が伴い，それらを利用して電気のエネルギーを仕事や熱，光に変換することができます．

21・1　場の考えと電場

　複数の電荷が互いに影響を及ぼしあい，電荷にクーロン力が働く空間を**電場**または**電界**という．電場の中にある電荷には，その電荷に比例したクーロン力が働くと考えると，電場は，単位電荷当たりのクーロン力として定義される．電場はベクトル量であり，電場の方向はクーロン力が働く方向に一致する．
　電荷 Q 〔C〕にクーロン力 F 〔N〕が働くとき，電場 E 〔N C^{-1}〕は

$$E = \frac{F}{Q} \quad (21・1)$$

で与えられる．正電荷には電場と同じ方向にクーロン力が働くのに対し，負電荷には電場と反対方向にクーロン力が働く．
　＋1 C の点電荷を**試験電荷**といい，試験電荷に働くクーロン力が電場に等しいことから，電場中に試験電荷を置くことによって，電場の様子を探ることができる．電場中のいろいろな位置に試験電荷を置き，電場の方向を結んだ直線また曲線の集まりを**電気力線**という．図 21・1 のように，電気力線は正電荷から出て負電荷に入るように描く．電場中に置いた正電荷には電気力線と同じ方向にクーロン力が働き，負電荷には電気力線と反対方向にクーロン力が働く．また，電気力線の間隔が狭いほど電場は強く，間隔が広いほど電場は弱い．

21・2　電位と電荷のもつエネルギー

　図 21・2 のように，2 枚の金属板（極板）を平行に並べ，一方に正電荷を与え（正極板），他方に負電荷を与えると（負極板），極板間に生じる電場は，至るところで強さも方向も一様になる*．このような電場を**一様な電場**といい，一様な電場 E の中に置かれた電荷 Q には QE のクーロン力が働く．
　このクーロン力に逆らって電荷を移動させるには，外部から仕事をする必要があり，なされた仕事は位置エネルギーとして蓄えられる（☞ 第 10 章）．物体が重力による位置エネルギーをもつように，電荷はクーロン力による位置エネル

＊ 式 21・1 より，電荷 Q が E の中にあると F が生じることからわかる．第 20 章では，クーロン力は二つの電荷間の力としたが，場の考え方を使うと，一つの Q が感じる力として考えることができる．

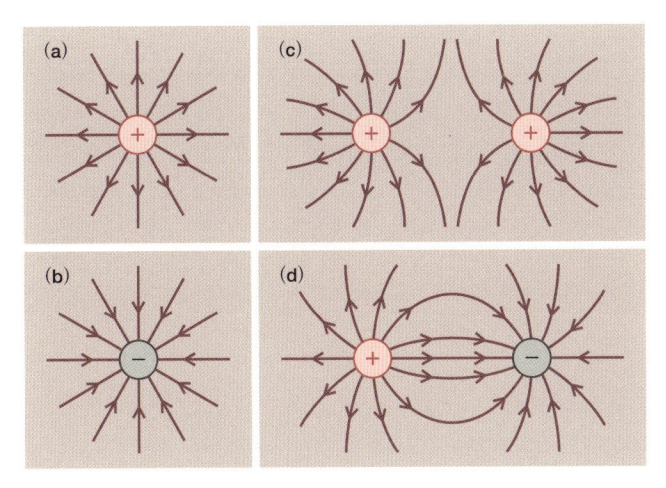

図 21・1 電場を表す電気力線 電気力線は正電荷から出て，負電荷に入るように描かれる．面積当たりの電気力線の本数が多いところは強い電場となる．

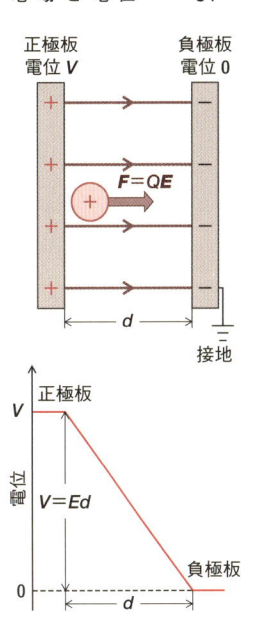

図 21・2 一様な電場 電位は極板からの距離 d により変わるが，電場の大きさは極板間のどこでも同じである．

ギーをもつ．

クーロン力による位置エネルギーが電荷に比例することから，単位電荷当たりの位置エネルギーを**電位**として定義する．電荷 Q〔C〕が位置エネルギー U〔J〕をもつとき，電位 V〔V〕は次式で与えられる．

$$V = \frac{U}{Q} \quad (21\cdot2)$$

ここで，電位のSI組立単位は $\mathrm{J\,C^{-1}}$ であり，これを **V（ボルト）**[*1] で表す．

図21・2のような間隔 d で平行に並んだ二つの極板の電位を考えよう．極板間に生じる一様な電場 E の中に試験電荷を置くと，試験電荷には E のクーロン力が働く．このクーロン力に逆らって，試験電荷を負極板から正極板まで距離 d だけ移動するには，Ed の仕事をする必要がある（☞ 第9章）．この仕事は位置エネルギーとして蓄えられるため，試験電荷がもつ位置エネルギー，すなわち電位は Ed だけ増加する．異なる2点の電位差を**電圧**といい[*2]，間隔 d で平行に並んだ二つの極板間に一様な電場 E が生じるとき，極板間の電圧 V は次式で与えられる[*3]．

$$V = Ed \quad (21\cdot3)$$

[*1] SI基本単位では $\mathrm{m^2\,kg\,s^{-3}\,A^{-1}}$ である．

[*2] 電位は，エネルギーと同じく，真の値は必要とされない（☞ 第10章）．したがって，任意の基準を決めればよい．通常は，大地の電位を基準値0Vとする．よって，接地された極板の電位は0Vとなる．

[*3] 電場のSI組立単位は $\mathrm{N\,C^{-1}}$ であるが（☞ 式21・1），$\mathrm{V\,m^{-1}}$ で表すこともできる．

やってみよう

▶ 二つの点電荷がつくる電場の電気力線を作図しましょう．

◀ 電場中のいろいろな位置に試験電荷を置き，試験電荷に働くクーロン力，すなわち電場を求めます．電場の方向を結んだ直線または曲線の集まりが電気力線になります．図21・3のように，電気力線は正電荷から出て負電荷に入るよう描かれます．

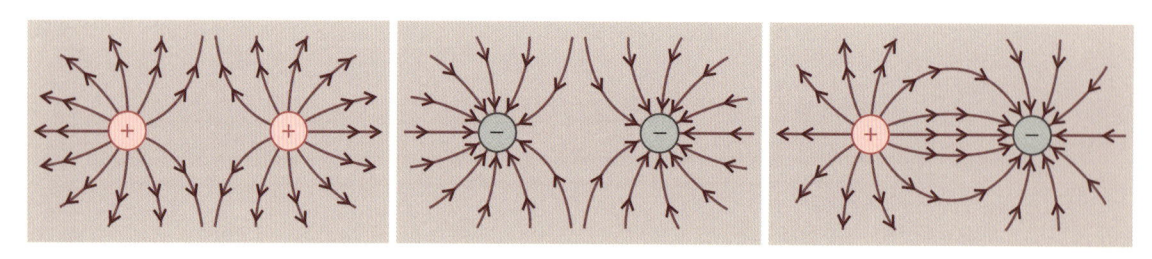

図 21・3

薬学への応用

電子は負の電気をもつので，電圧による力を受けて移動することになります．これにより酸化・還元が起こります．また，細胞には細胞膜の内側と外側に電位差（膜電位といいます）が生じます．この膜電位が何らかの刺激で変化することで，体の各部分と脳との間の信号のやり取り（神経伝達）が可能になります．

演習問題

1. 細胞膜を挟んだ電位差を 70.0 mV，細胞膜の厚さを 4.00 nm としたときの電場の大きさ〔V m^{-1}〕はいくらになるか．

第22章　電気容量とコンデンサー

到達目標
1. コンデンサーが電荷を蓄える仕組みを説明できる.
2. コンデンサーの電気容量を説明できる.
3. 物質の誘電率について説明できる.

考えてみよう　ほとんどの電気製品にはコンデンサーという部品が組込まれていますが，どのような役割を果たすのでしょうか．電気を水にたとえると，コンデンサーには水槽のように電気を蓄える働きがあります．蓄えた電気を一定の割合で流したり，時間をずらしながら流したりして，電気の流れを自在に制御することができます．コンデンサーに蓄えられる電気の量はコンデンサーを構成している物質によって異なり，極性分子でできたコンデンサーはより大きな電気を蓄えることができます．

22・1　電気を蓄える

2枚の極板を平行に並べ，電池の正極と負極をそれぞれの極板につなぐと，電荷が極板に移動し，一方は正電荷をもつ正極板となり，他方は負電荷をもつ負極板となる．極板間の電圧が電池の電圧に等しくなると電荷の移動は止まり，図22・1のように正極板には $+Q$ の正電荷が，負極板は $-Q$ の負電荷が蓄えられる．極板に蓄えられる電荷が極板間の電圧に比例することから，**単位電圧当たりの電荷**を**電気容量**として定義する．電圧 V〔V〕の極板それぞれに電荷 $+Q$〔C〕，$-Q$〔C〕が蓄えられるとき，電気容量 C〔F〕は次式で与えられる．

$$C = \frac{Q}{V} \qquad (22 \cdot 1)$$

ここで，電気容量の単位は CV^{-1} であり，これを **F**（ファラド）で表す*.

* M. Faraday にちなむ. SI基本単位では $m^{-2}\,kg^{-1}\,s^4\,A^2$ である. μF（マイクロファラド）, pF（ピコファラド）で表されることが多い.

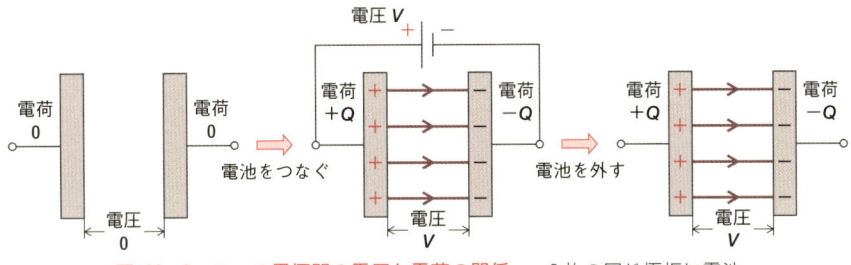

図22・1　二つの電極間の電圧と電荷の関係　2枚の同じ極板に電池をつなぐと，電池の正極につないだ極板には正電荷が，電池の負極につないだ極板には負電荷が蓄えられる．→は極板間の電場を表す．

22・2　コンデンサー

電池を外した後でも，正電荷と負電荷は互いに引きあうが，二つの極板間では電荷が移動できない．正極板と負極板には符号の異なる等量の電荷が蓄えられ，

極板間の電圧はそのまま保持される．このように，極板に電荷を蓄え，極板間の電圧を保持する働きをもつ電子部品を**コンデンサー**といい，2枚の極板を平行に並べたコンデンサーを**平行板コンデンサー**という．

22・3　コンデンサーの能力を決めるもの

図22・2に示す形状の平行板コンデンサーの電気容量を考えよう．極板の面積が大きく，極板間の間隔が狭いほど平行板コンデンサーの電気容量は大きくなり，より多くの電荷を蓄えることができる．

また，極板間を満たす物質によって電気容量は変化する．ただし，蓄えられた電荷が極板間を移動しないように，電気を通しにくい**絶縁体**で極板間を満たす必要がある．極板の面積 S，極板の間隔 d の平行板コンデンサーの電気容量 C は次式で与えられる．

$$C = \varepsilon \frac{S}{d} \qquad (22 \cdot 2)$$

ここで，ε は電荷の蓄えやすさを表す**誘電率**である．誘電率は物質固有の値であるが，真空においても値をもち，真空の誘電率は $\varepsilon_0 = 8.85 \times 10^{-12}\,\mathrm{F\,m^{-1}}$ である．

物質の誘電率と真空の誘電率の比 $\varepsilon_\mathrm{r} = \varepsilon/\varepsilon_0$ を**比誘電率**という．おもな物質の比誘電率を表22・1に示す．比誘電率の大きい絶縁体を**誘電体**といい*，極板間を誘電体で満たすと，平行板コンデンサーの電気容量は増加する．

22・4　分子の極性と誘電率の関係

誘電率は，物質を構成する分子の極性と密接に関わる．図22・3のように，極板間を極性分子で満たした平行板コンデンサーを考えよう．電池を外した状態では極性分子の向きは熱運動によって乱雑に分布する（図22・3a）のに対し，電池をつないだ状態では極性分子の向きは一方向に整列する（図22・3b）．極性分子のように分子内に電荷の偏りがある場合，正電荷には電場と同じ方向に，負電荷には電場と反対方向にクーロン力が働くため，極性分子は回転し，一方向に整列する．このような現象を**誘電分極**といい，誘電分極には極板の電荷を保持する働きがあるため，より大きな電荷を極板に蓄えることができる．

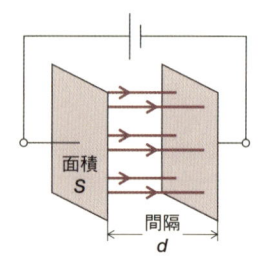

図22・2　**平行板コンデンサー**　極板の面積 S，極板間の間隔 d

表22・1　20℃付近における物質の比誘電率の概略値

物　質	比誘電率
真　空	1
空　気	1.000 536
水	80
エタノール	24.3
アセトン	20.7
ベンゼン	2.3
n-ヘキサン	1.8

* 一般に，比誘電率が大きい物質は極性が高いという．

極性分子：一つの分子としては電気的に中性であるが，分子内に正電荷と負電荷の偏りがあるものを**極性分子**という．電荷の偏りがないものを**無極性分子（非極性分子）**という．

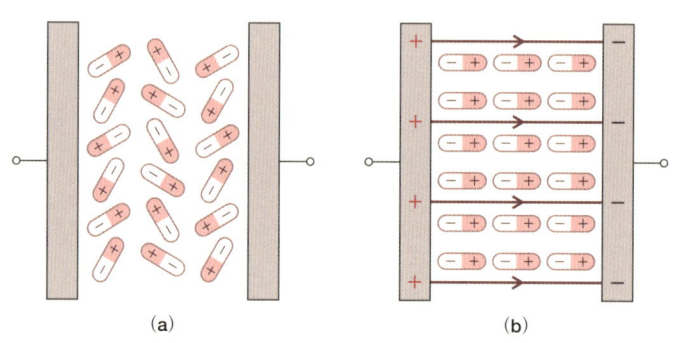

図22・3　**誘電分極**　コンデンサーの内部の極性分子は，コンデンサー内に電場ができると整列する．

やってみよう

▶ 極板の面積 100 cm², 極板の間隔 1.0 mm の平行板コンデンサーの電気容量を求めましょう.

◀ 極板間が真空の場合, 平行板コンデンサーの電気容量は, 式 22・2 より以下のように求まります.

$$C = \varepsilon_0 \frac{S}{d} = (8.85 \times 10^{-12} \text{ F m}^{-1}) \times \frac{100 \times 10^{-4} \text{ m}^2}{1.0 \times 10^{-3} \text{ m}} = 8.9 \times 10^{-11} \text{ F}$$

また, 極板間を水で満たすと, 水の比誘電率 $\varepsilon_r = 80$ より, 同じ平行板コンデンサーの電気容量は

$$C = \varepsilon_r \varepsilon_0 \frac{S}{d} = 80 \times (8.85 \times 10^{-12} \text{ F m}^{-1}) \times \frac{100 \times 10^{-4} \text{ m}^2}{1.0 \times 10^{-3} \text{ m}} = 7.1 \times 10^{-9} \text{ F}$$

となり, 真空の場合の 80 倍になります.

薬学への応用

生きている細胞では, 細胞膜の両側のイオンの種類と量に差があり, このため膜電位というものをもちます. 膜電位は, コンデンサーの電極間の電位差として考えることができます. また, 本章で述べた誘電率は, 極性という言葉に置き換えられて, 薬が体の主成分である水に溶ける, 溶けないに大きく関わります.

演習問題

1. 極板間が真空である電気容量 100 pF の平行板コンデンサーに 12 V の電圧を加えたとき, 極板に蓄えられる電荷を求めなさい. さらに, その電荷を保持したまま, 極板間を水で満たしたときの電圧を求めなさい. 極板間を水で満たすと, 極板間にある電荷に働く力はどうなるか.

2. 水中で Na^+ と Cl^- がクーロン力のみで接触していると考えたときのクーロン力の大きさを求めなさい. ただし, Na^+ と Cl^- のイオン半径は, それぞれ 0.095 nm と 0.181 nm とする.

第 23 章　電流と電気抵抗

到達目標
1. 電流が流れる仕組みを説明できる．
2. オームの法則を説明できる．
3. ジュール熱について説明できる．

考えてみよう　身の回りには，金属のように電気を通しやすい物質と，ガラスのように電気を通しにくい物質がありますが，その違いは何でしょうか．金属に含まれる自由電子は物質中を自由に動くことができ，電気を運ぶ役割を果たします．一方，ガラスの電子は原子に強く束縛されているため，物質中を自由に動くことができません．物質中に電場が生じると，負電荷をもつ自由電子にクーロン力が働くため，自由電子は一方向に移動し，電気の流れ（電流）が生じます．

23・1　電流は電荷の移動

　ガラスのように電気を通しにくい物質を**絶縁体**（☞ §22・3）というのに対し，金属のように電気を通しやすい物質を**導体**という．

　導体中の2点に電池の正極と負極をつなぐと，2点間に電場が生じ，電荷にクーロン力が働く．導体中には自由に動ける電荷が存在し，クーロン力によって電荷が一方向に移動する．金属中の2点に電池をつないだ状態を考えよう（図23・1）．金属は正電荷をもつ金属イオン（⊕）と負電荷をもつ**自由電子**（←○）から成る．金属イオンは規則正しく整列しており，自由電子はその隙間を自由に動くことができる．自由電子は，電池を外した状態では熱運動によって乱雑に移動する（図23・1a）のに対し，電池をつないだ状態ではクーロン力によって一方向に移動する（図23・1b）．このような電荷の移動によって生じる電気の流れを**電流**といい[*]，導体中を電流が流れる現象を**電気伝導**という．

[*]　金属中では，電子の移動が電流の原因となる．一方，食塩水のように，多量の塩を含む水溶液では，塩から生じる陽イオンと陰イオンが，互いに逆向きに移動することで電流が生じる．

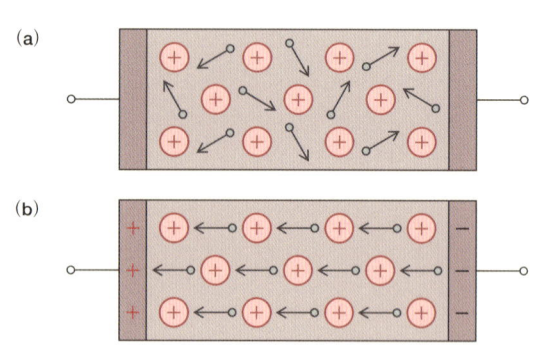

図 23・1　金属中の自由電子の移動　電流の方向を正電荷の移動する方向に定めるため，負電荷をもつ自由電子（←○）の移動方向は電流と反対になる．

23・2 電圧と電流の関係

電流 I〔A〕は，ある面を時間 t〔s〕に通過する電荷 Q〔C〕の量である．

$$I = \frac{Q}{t} \qquad (23・1)^{*1}$$

この電流の大きさを表す単位 **A（アンペア）**は，SI 基本単位の一つである．

　導体中の 2 点に電池の正極と負極をつなぐと電流が流れ，その大きさは 2 点間の電圧に比例する．電圧 V〔V〕の 2 点間に流れる電流 I〔A〕は次式で与えられ，これを**オームの法則**という．

$$I = \frac{V}{R} \qquad (23・2)$$

ここで，R は電流の流れにくさを示す**電気抵抗**である．電気抵抗の SI 組立単位は V A^{-1} であり，これを **Ω（オーム）**^{*2} で表す．導体を流れる電流は電気抵抗に反比例し，電気抵抗の大きな導体ほど電流は流れにくい．

　電気抵抗は導体の形状によって変化し，細く長い導体ほど電流は流れにくく，太く短い導体ほど電流は流れやすい．図 23・2 のような長さ L，断面積 S の導体の電気抵抗 R は次式で与えられる．

$$R = \rho \frac{L}{S} \qquad (23・3)$$

ここで，ρ は**電気抵抗率**であり，物質固有の値をもつ^{*3}．

23・3 導体中での電子の移動とジュール熱

　外力が働くと物体は加速するはずであるが（☞ 第 7 章），クーロン力が働くにもかかわらず，導体中の電子は等速で移動することが知られている．金属中の 2 点間に電場が生じると，負電荷をもつ自由電子にクーロン力が働くため，自由電子は一方向に加速する．しかし，ある程度の距離を移動するたびに金属イオンと衝突し，衝突を繰返しながら金属中を移動する（図 23・3）．そのため，個々の自由電子の速度にはばらつきがあるものの，自由電子の集団が移動する速度は一定に保たれる．

　電気抵抗の大きい金属ほど金属イオンと自由電子の衝突する頻度が高いため，自由電子が移動する速度は遅くなり，電流が流れにくくなる．また，自由電子と金属イオンが衝突を繰返すことによって，金属イオンの乱雑な熱運動（⊕）が活発になる．自由電子がもつ運動エネルギーは，金属イオンとの衝突によって

*1 表 1・1，§20・1 で，C = s A であったことを思い出そう．

*2 SI 基本単位では m^2 kg s^{-3} A^{-2} である．

*3 電気抵抗率は温度によって変化し，金属の電気抵抗率は絶対温度に比例して増加する．導体には金属の他にも，温度の上昇とともに電気抵抗率が減少する**半導体**や，低温で電気抵抗率がゼロになる**超伝導体**がある．

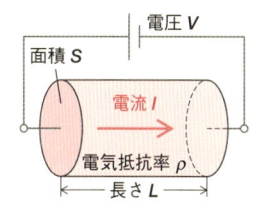

図 23・2　電気抵抗の成り立ち　電気抵抗は電流の流れにくさを示す．面積 S が小さく，長さ L が長く，電気抵抗率 ρ が大きいほど，電気抵抗は大きくなり，電流は流れにくくなる．

図 23・3　電気抵抗とジュール熱　電圧で加速された電子は，導体中を移動するとき，金属イオンにぶつかり，その都度，運動エネルギーを熱として放出し，ジュール熱が生じる．

熱に変換される．この熱を**ジュール熱**という．ジュール熱は電流が流れた時間と**電力**[*1]の積に等しい．電力 P〔W〕は，単位時間に電流がする仕事として定義され，電圧 V〔V〕と電流 I〔A〕の積に等しい．

$$P = VI \tag{23・4}$$

ここで，電力の SI 組立単位は V A であり，これを **W（ワット）** で表す[*2]．

[*1] 電力 P は，仕事率（☞ §9・2）とまったく同じ物理量である．

[*2] SI 基本単位では $m^2\,kg\,s^{-3}$ である．$J\,s^{-1}$ も，電力の SI 組立単位になる．

やってみよう

▶ 断面積 $1.0\,mm^2$，長さ 10 m のタングステン線の電気抵抗を求めましょう．ただし，タングステンの電気抵抗率は $3.9 \times 10^{-7}\,\Omega\,m$（1200 °C）とします．

◀ 式 23・3 より，タングステン線の電気抵抗は以下のように求まります．断面積 $S = 1.0\,mm^2 = (1.0 \times 10^{-3}\,m)^2 = 1.0 \times 10^{-6}\,m^2$．

$$R = \rho \frac{L}{S} = (3.9 \times 10^{-7}\,\Omega\,m) \times \frac{10\,m}{1.0 \times 10^{-6}\,m^2} = 3.9\,\Omega$$

薬学への応用

薬が働く場である体の主成分は水です．しかも，多量のイオンを含んでいる水（電解質溶液といいます）です．電解質溶液の性質は，電気の流れやすさ（電気伝導率）で表すことができ，これは本章で述べた電気抵抗率の逆数になります．電気伝導率により，電解質溶液の電気の流れやすさ，流れにくさや，溶液中のイオンの状態などを知ることができます．

演習問題

1. 電熱線（ヒーター）はコイル状に曲がっていることが多い．その理由を考察しなさい．
2. 溶液中では，電子の代わりにイオンが移動することで電流が生じる．電流が流れやすい溶液をつくるためには，水にどのような物質を溶かせばよいか．その物質のもつべき条件を考察しなさい．

第24章 磁　　　場

到達目標
1. 磁場について説明できる．
2. 磁場と電流の関係を説明できる．
3. ローレンツ力を説明できる．

考えてみよう
電気を力に変換する部品の一つにモーターがありますが，どのような仕組みで変換しているのでしょうか．電流が流れる導線を磁場の中に入れると，電気と磁気の相互作用によって，導線に力が働きます．導線を流れる電流が大きいほど，導線に働く力も強くなります．このような力を利用して，モーターは強い回転力を生み出し，いろいろな物体を回転させています．

24・1 電気と磁気の関係

電気を帯びた物体に力が働く空間を電場または電界というのに対し，磁気を帯びた物体に力が働く空間を**磁場**または**磁界**という．磁場の中に置かれた磁石には力が働き，磁石のN極が磁場の方向を示すことから，磁石によって磁場の様子を探ることができる．磁場中のいろいろな位置に磁石を置き，磁場の方向を結んだ直線または曲線の集まりを**磁力線**という．

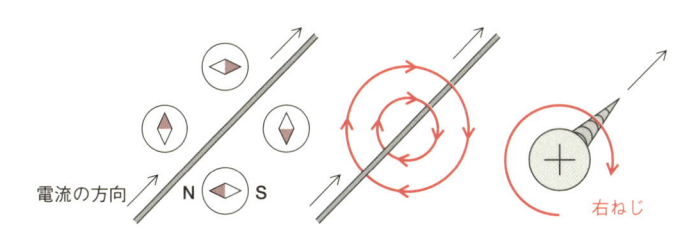

図 24・1　電流と磁気の関係　直線電流によって生じる磁場は右ねじを回す向きとなる．

電気と磁気は密接に関わり，電流が流れる導線の周りには磁場が生じる．図24・1のように，直線状の導線を流れる直線電流によって生じる磁場を考えよう．磁力線は導線を中心として同心円状に分布し，磁場の方向は電流が流れる方向に対して右回り（時計回り）になる．電流と磁場の関係は，右ねじを時計回りに回したときに進む方向にたとえて，**右ねじの法則**とよばれる．

磁場は導線から遠ざかるほど弱く，導線からの距離に反比例する．磁場の強さを**磁束密度**[*]といい，電流 I が流れる導線から距離 r の位置における磁束密度 B は次式で与えられる．

$$B = \frac{\mu I}{2\pi r} \qquad (24 \cdot 1)$$

ここで，μ は**透磁率**である．透磁率は物質固有の値であるが，真空においても値をもち，真空の透磁率は $\mu_0 = 1.26 \times 10^{-6} \, \text{N A}^{-2}$ である．また，磁束密度のSI組

[*] 磁束密度は，単位面積当たりの磁力線の数と考えるとよい．

*1 SI基本単位では kg s⁻² A⁻¹. 非SI単位にガウス (G) がある (G=10⁻⁴ T).

立単位は N A⁻¹ m⁻¹ であり, これを **T (テスラ)** で表す*¹.

24・2 円電流によって生じる磁場

図 24・2a のように, 円形の導線を流れる**円電流**によって生じる磁場を考えよう. 直線電流と同様に, 磁力線は導線を中心として同心円状に分布し, 磁場の方向は電流が流れる方向に対して右回りになる. また, 磁力線は導線を含む平面を垂直に貫き, 導線の内側と外側で反対方向になる.

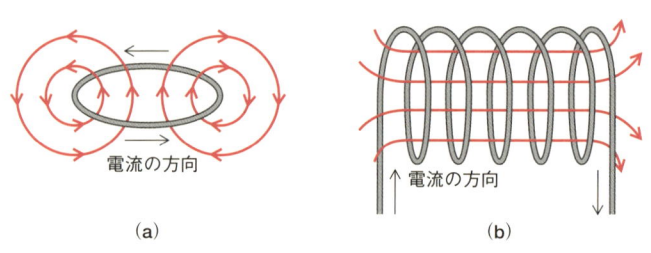

図 24・2 円電流 (a) とソレノイド (b) によって生じる磁場

図 24・2b のように, 円形の導線を重ねて, 円筒状に巻いた導線を**ソレノイド**という. ソレノイドによって生じる磁場は, 円電流によって生じる磁場の重ねあわせであり, ソレノイドの内側では, 磁力線は円筒の中心軸に沿って平行に並ぶ. ソレノイドの内側に生じる磁場は, 至るところで大きさも方向も一様である. また, 導線の巻き数が多く, 電流が大きいほど強い磁場になる*².

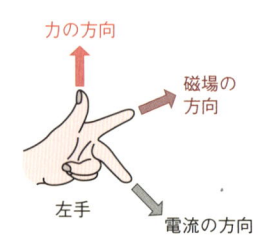

*2 単位長さ当たりの導線の巻き数を n とすると, 電流 I が流れるソレノイドの内部に生じる磁束密度 B は, B=μnI で与えられる. なお, 鉄の μ は真空の数千倍以上 (鉄中に含まれる微量な不純物により大きく変動する) になるので, ソレノイドの芯として鉄を使うと, 強力な**電磁石**となる.

24・3 磁場の中を動く電荷が受ける力

電荷が磁場の中を動くとき, その速さに比例した**ローレンツ力**が電荷に働く. 磁束密度 B の磁場中を速さ v で移動する電荷 q に働くローレンツ力の大きさ F は次式で与えられる.

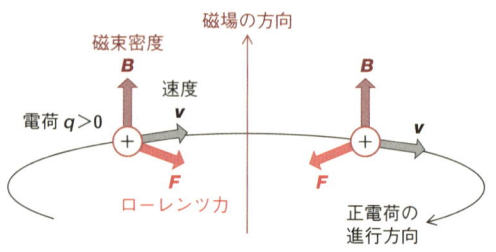

$$F = qvB \tag{24・2}$$

図 24・3 磁場の中を動く電荷 ローレンツ力を受けるため電荷は円運動をする.

図 24・4 フレミングの左手の法則 磁場の中を運動する正電荷が受ける力の向きを簡単に表すことができる. 負電荷をもつ電子の場合, 電子の運動方向と電流の向きは, 逆になることに注意

図 24・3 のように正電荷が磁場の中を移動すると, 正電荷に働くローレンツ力の方向は, 正電荷の進行方向と磁場の方向の両方に直交する. 図 24・4 のように左手を形づくり, 正電荷の進行方向 (電流の方向) に中指を向け, 磁束密度の方向に人差し指を向けると, 親指がローレンツ力の働く方向を指す. これを**フレミ**

ングの左手の法則という．

電荷が磁場の中を移動する間，つねに進行方向と垂直な方向にローレンツ力が働くため，電荷は円弧を描きながら移動する[*1]．電流は電荷の移動によって生じることから，磁場の中に置かれた導線に電流が流れると，ローレンツ力が導線に働く．ローレンツ力が働く方向は，電流の方向と磁場の方向の両方に直交し，フレミングの左手の法則に従う．

*1 ローレンツ力が向心力となる（☞ 第11章）．

やってみよう

▶磁束密度 1.0 T の磁場中を 6.0×10^5 m s^{-1} の速さで移動する電子に働くローレンツ力を求めましょう．

◀電子がもつ電荷の大きさは電気素量に等しく，電子に働くローレンツ力の大きさは，式 24・3 より以下のように求まります．

$$F = qvB = (1.60 \times 10^{-19}\,\text{C}) \times (6.0 \times 10^5\,\text{m s}^{-1}) \times (1.0\,\text{T}) = 9.6 \times 10^{-14}\,\text{N}$$

この値はとても小さく感じられるかもしれませんが，クーロン力と同様に，原子や分子の世界では非常に強い力となります[*2]．また，負電荷をもつ電子には，正電荷と反対方向にローレンツ力が働きます．

*2 第20章，"やってみよう"参照．

薬学への応用

本章では，電気と切っても切れない関係にある磁石について述べました．磁石と薬学は，あまり関係がないように思えますが，薬の構造を調べるための分析には，磁石を使う方法があります．また，画像診断の一つにも使われています．詳細は後学年で学びますが，磁石と電気の関係は，思い出しておきましょう．

演習問題

1. ある分子 M から一つの電子が取れた M$^+$ と二つの電子が取れた M^{2+} が，同じ強さの磁場の中を同じ速度で運動している場合，M$^+$ と M^{2+} が受けるローレンツ力の大きさはどうなっているか．
2. 図 24・3 で磁場の方向が下向きに変わった場合，電荷が受けるローレンツ力はどの方向になるか．

V

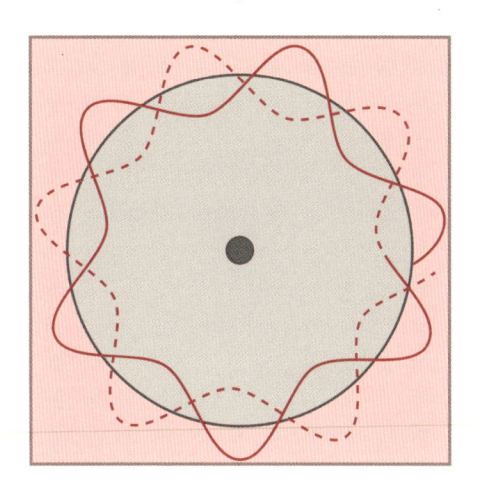

量 子 力 学

第 25 章 電　　　　子

到達目標
1. 真空放電によって陰極線が生じる仕組みを説明できる.
2. 電圧によって加速された電子のエネルギーを説明できる.
3. 電場や磁場による電子線の軌道の変化を説明できる.

考えてみよう
オーロラやネオンサインはきれいな色の光を放ちますが，どのような原理で起こっているのでしょうか．大きなエネルギーをもつ電子が原子に衝突すると，電子のもつエネルギーを吸収して，原子は励起状態に変化します．励起状態にある原子は不安定なため，光を放ちながら元の安定な状態に戻ります．このとき放出される光の波長は原子の種類によって異なるため，さまざまな色になります．

25・1 放電管はなぜ光るのか

　本来，空気などの気体は電気を通さないが，高電圧を加えると電気を通すようになる．このような現象を**放電**といい，気体の圧力が低く，真空に近い状態で起こる放電を特に**真空放電**という．図 25・1 のように，ガラス管の両端に電極を取付けた放電管を考えよう．電極に高電圧を加えたまま，放電管を排気していくと，電極間に電流が流れ始めるとともに，放電管内の気体が光りだす．

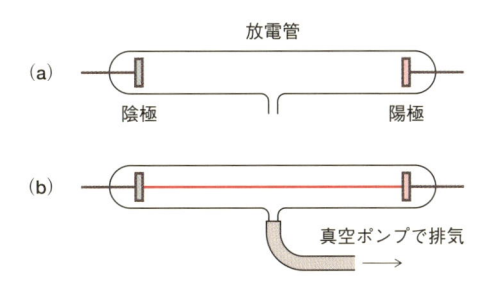

図 25・1　真空放電による陰極線の発生　　放電管内の気体の量が少なくなると，電流の通り道が光って見える．

　電極に高電圧を加えると，負電荷をもつ電子は陰極を飛び出し，陽極に向かって移動する．このような電子の流れを**陰極線**または**電子線**という．電極間に電流が流れるのは，陰極線に沿って電子が移動するためである．陰極線の電子は，ある程度の距離を移動するたびに，わずかに存在する放電管内の気体分子と衝突し，気体分子を不安定状態に励起する[*1]．励起された気体分子は，光を放ちながら元の安定な状態に戻るため，放電管内の気体が光りだす[*2]．

[*1] 分子の最も安定な状態は**基底状態**で，エネルギーが最も低い状態でもある．これに対し，エネルギーを他からもらい，不安定になった状態を**励起状態**という．励起状態の分子はエネルギーを放出し，基底状態に戻る．このとき，余分なエネルギーを光や熱として放出する．

[*2] 蛍光灯は放電管の一種で，中にごく希薄な水銀の蒸気が封入されている．

25・2　陰極線の電子のもつエネルギー

電極に電圧を加えると，陽極と陰極にある電子の位置エネルギーに差が生じる．図 25・2 のように，電圧 V の電極間を移動する電子の運動を考えよう．電子は $-e$ の負電荷をもつため，陽極の電位を 0 V としたときに陽極にある電子の位置エネルギーが 0 J であるのに対し，電位 $-V$ の陰極にある電子の位置エネルギーは eV である[*1]．したがって，陰極にある電子の位置エネルギーは，陽極よりも eV だけ高くなる．

[*1] 式 21・2 より $U=QV=(-e)(-V)=eV$.

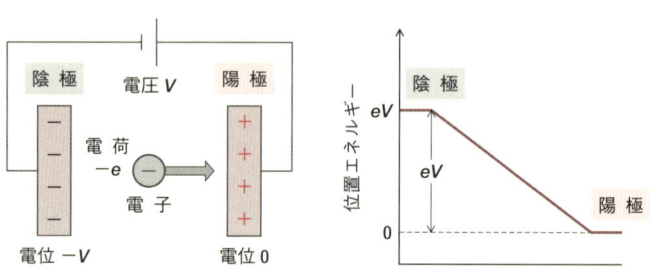

図 25・2　電極間にある電子の位置エネルギーと運動エネルギー　負電荷をもつ電子は，その位置の電位に応じた位置エネルギーをもち，陰極から陽極に移動しながら位置エネルギーを運動エネルギーに変換している．

陰極から陽極に電子が移動する際，電子の位置エネルギーは，クーロン力による仕事を介して，電子の運動エネルギーに変換される．陰極で静止していた電荷 $-e$，質量 m の電子が，電圧 V の電極間で加速され，速さ v で陽極に達したとき，エネルギー保存則（☞ §10・5）により次式が成り立つ．

$$\frac{1}{2}mv^2 = eV \qquad (25・1)$$

エネルギーの非 SI 単位に **eV**（**電子ボルト**）[*2] がある．1 eV は，1 V の電圧で加速された電子がもつ運動エネルギーに等しく，1 eV = 1.60×10^{-19} J である．

[*2] eV は非 SI 単位であるが，SI 単位への変換なしに使うことが認められている．

25・3　電場や磁場による電子線の軌道の変化

電子線に電場や磁場を加えると，クーロン力やローレンツ力が電子に働くため，電子線の軌道が変化する．図 25・3a のように，電子線が電場を通り抜けるとき，負電荷をもつ電子には電場と反対方向にクーロン力が働くため，電子線は正極に向かって引き寄せられる．

一方，図 25・3b のように，電子線が磁場を通り抜けるとき，電子の進行方向と磁場の方向の両方に垂直な方向にローレンツ力が働き[*3]，電子線の軌道は円弧を描く．電場や磁場によって変化した電子線の軌道から，電子の"電荷と質量の比"を示す**比電荷**を求めることができ，電子の比電荷は $e/m=1.76\times10^{11}$ C kg^{-1} になる．電気素量が $e=1.60\times10^{-19}$ C であることから，電子の質量は $m=9.11\times10^{-31}$ kg になり，原子核を構成する陽子や中性子の質量の約 2000 分の 1 に過ぎないことがわかる．

[*3] 電子は負電荷をもつため，フレミングの左手の法則（☞ 図 24・4）とは反対方向にローレンツ力が働く．

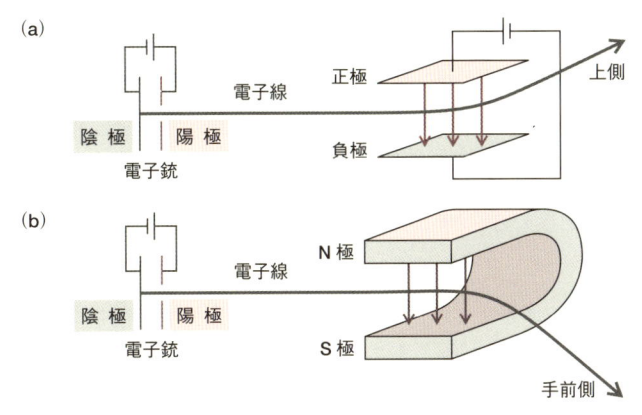

図 25・3 電場中 (a) と磁場中 (b) を通過する電子線の軌道
電子線は電場からはクーロン力を受け，磁場からはローレンツ力を受け，軌道が変わる．電子銃は電子線を効率的につくりだす装置

やってみよう

▶ 1.00 V の電圧で加速された電子の速さを求めましょう．

◀ 電子の質量が 9.11×10^{-31} kg であることから，電子の速さは式 25・1 より以下のように求まります．

$$v = \sqrt{\frac{2eV}{m}} = \sqrt{\frac{2 \times (1.60 \times 10^{-19}\,\text{C}) \times (1.00\,\text{V})}{9.11 \times 10^{-31}\,\text{kg}}} = 5.93 \times 10^5\,\text{m s}^{-1}$$

わずか 1 V の電圧で加速された電子でさえ非常に速く感じるかもしれませんが，それでも光の速さの 0.2% に過ぎません．より高い電圧で加速された電子は，しだいに光の速さに近づきますが，光の速さを超えることはありません．

薬学への応用

第 20 章の"やってみよう"でわかるように，電子が負の電気をもつおかげで，物質は一定の形を保つことができます．分子の世界の主役が電子であり，電子のもつエネルギーの変化によって分子の形や，化学反応をする場合の反応性が変わります．薬の性質を知るためには，分子の中の電子の役割を理解する必要があります．

演習問題

1. 放電管内の気体の圧力を非常に低くし 0 に近づけると，陰極線の様子はどうなると考えられるか．
2. 点灯中の蛍光灯の両端の電極間には 50〜200 V 程度の電圧が掛かっている．蛍光灯の内部を完全に真空にしたと仮定し（これは光らないが），両端に 100 V の電圧を掛けたとき，陰極にある電子がもつ位置エネルギーと，この電子が陽極に向かって移動し，陽極に到達したときの速さを求めなさい．ただし，陽極にある電子がもつ位置エネルギーは 0 J とする．

第 26 章　原子と原子核

到達目標
1. ラザフォードの原子模型を説明できる.
2. 原子の構成粒子について説明できる.
3. 原子核の壊変と放射線の関係を説明できる.

考えてみよう
原子と原子核の大きさについて正しいイメージをもっていますか. ほとんどの教科書では, わかりやすいように, 原子を埋め尽くすぐらい大きな原子核が描かれていますが, 実際には, 原子核の大きさは原子の 10 万分の 1 に過ぎません. 仮に, 原子の大きさを 1 m とすると, 原子核の大きさは 10 μm になり, 目に見えるかどうかの大きさです. 原子の中核をなす原子核は, 原子の大きさに比べてはるかに小さいものなのです.

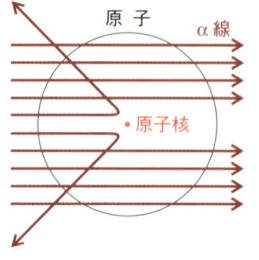

図 26・1 ラザフォードの原子模型と α 線の後方散乱　正電荷をもつ α 線が, 同じ正電荷をもつ原子核との相互作用により, 出発点方向（後方）に戻ってくる.

26・1　原子のつくり

電子の存在が明らかになると, 原子のもつ正電荷に関するいくつかの原子模型が提案された. なぜなら, 電子をもつ原子が電気的に中性な状態を保つには, 電子のもつ負電荷と等量の正電荷が原子内に存在する必要があるからである.

ラザフォード（E. Rutherford）は, α 線（☞ §26・4）を薄い金箔に照射すると, ほとんどの α 線が前方に通り抜けるのに対し, ごく一部の α 線が後方に散乱されることを発見した. このような α 線の後方散乱を説明するには, 図 26・1 のように正電荷がごく微小な領域に集中する原子模型が必要となる. これを**ラザフォードの原子模型**といい, 正電荷が集中したごく微小な**原子核**の周囲を, 負電荷をもつ電子が周回する. 原子核の大きさは 10^{-15} m 程度であり, 原子の大きさが 10^{-10} m 程度であることから, 原子核は原子のわずか 10 万分の 1 の大きさに過ぎない.

26・2　原子核のつくり

水素は最も軽い原子であり, その質量は 1.67×10^{-27} kg である. 1 個の電子をもつ水素原子が電気的に中性な状態を保つには, 原子核は $+e$ の正電荷をもつ必要がある.

原子核を構成する粒子を**核子**といい, $+e$ の正電荷をもつ核子を**陽子**という. 図 26・2 のように, 水素原子の原子核は 1 個の陽子から成り, $+e$ の正電荷をもつ. 2 番目に軽いヘリウム原子の質量は 6.65×10^{-27} kg であり, 水素原子の質量の約 4 倍に等しい. ヘリウム原子の原子核は 2 個の陽子と 2 個の**中性子**から成り, $+2e$ の正電荷をもつ. 中性子は, 大きさと質量が陽子とほぼ同じであるが, 電荷をもたない核子で, クーロン力によって反発しあう陽子同士を結合させる働きをもつ. 陽子同士が結合するには陽子数とほぼ同数の中性子が必要となる*.

核子の質量が 1.67×10^{-27} kg であるのに対し, 電子の質量は 9.11×10^{-31} kg で

* 原子核が, 陽子間のクーロン力により壊れないようにするためには, 陽子数とほぼ同数の中性子が必要となる. なお, 核子を結びつけている力は, "強い力" とよばれ, 重力やクーロン力とは原理がまったく異なる力である.

あり，核子の質量は電子の約2000倍も大きいため，原子の質量は核子の質量にほぼ等しい．表26・1に原子の構成粒子の質量と電荷をまとめた．

表 26・1 原子の構成粒子

粒子の種類	質 量	電 荷
陽 子	1.67×10^{-27} kg	1.60×10^{-19} C
中性子	1.67×10^{-27} kg	0
電 子	9.11×10^{-31} kg	-1.60×10^{-19} C

26・3 原子番号，質量数，同位体

原子核を構成する核子の総数を**質量数**といい，原子番号 Z および質量数 A は陽子数と中性子数を用いて次式で与えられる．

$$原子番号 Z = 陽子数, \quad 質量数 A = 陽子数 + 中性子数 \quad (26・1)$$

原子番号が等しく，質量数が異なる原子核の種類（**核種**）を**同位体**という．すなわち同位体の原子核は陽子数が等しく，中性子数が異なる．自然界に存在する同位体の存在比を**天然存在比**といい，原子番号6の炭素には，質量数12の同位体が98.9%，質量数13の同位体が1.1%存在し，質量数14の同位体もごく微量に存在する．核種を表すには，$^{12}_{6}C$, $^{13}_{6}C$, $^{14}_{6}C$ のように，左下に原子番号を，左上に質量数を添えて元素記号を記す[*1]．

*1 核種を表記する際に，原子番号は元素記号からわかるので，省略されることが多い．

26・4 安定な原子核と壊れやすい原子核

同位体には，半永久的に存在する**安定同位体**と，放射線を放出しながら異なる核種に変化する**放射性同位体**がある[*2]．不安定な核種がより安定な核種に変化する現象を原子核の**壊変**または**崩壊**という．原子核の壊変の際に放出される放射線には，α線，β線，γ線がある．

α線の放出を伴う原子核の壊変を**α壊変**または**α崩壊**といい，α線の正体はヘリウム（$^{4}_{2}He$）の原子核である．α壊変によって原子番号は2減少し，質量数は4減少する．

β線の放出を伴う原子核の壊変を**β壊変**または**β崩壊**といい，β線の正体は電子である[*3]．β壊変によって原子番号は1増加し，質量数は変化しない．

γ線の放出を伴う原子核の壊変を**γ壊変**または**γ崩壊**といい，γ線は電磁波なので，γ壊変によって原子番号も質量数も変化しない．放射壊変の特徴を表26・2にまとめた．

*2 Cの場合，^{12}C と ^{13}C は安定同位体，^{14}C は放射性同位体である．

*3 β壊変で放出される電子は，原子がもともともっていた（軌道）電子ではなく，原子核の中の中性子が陽子になるときに放出されるものである．したがって，β壊変では，質量数は変わらず，原子番号が1増加する．

表 26・2 原子核の壊変の種類とその特徴

壊変の種類	放出される放射線	原子番号	質量数
α壊変	α線（ヘリウムの原子核）	2減少	4減少
β壊変	β線（電子）	1増加	変化なし
γ壊変	γ線（電磁波）	変化なし	変化なし

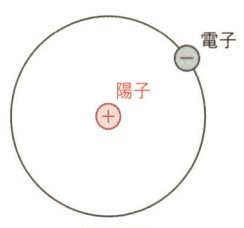

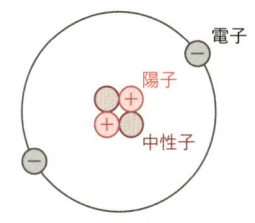

やってみよう

▶ウラン $^{238}_{92}$U が壊変して鉛 $^{206}_{82}$Pb になるまでに繰返される α 壊変と β 壊変の回数を求めましょう．

◀原子番号は α 壊変と β 壊変で変化しますが，質量数は α 壊変でのみ変化します．1 回の α 壊変で質量数が 4 ずつ減少するため，質量数が 238 から 206 まで減少するには，α 壊変を 8 回繰返す必要があります．このとき，1 回の α 壊変で原子番号が 2 ずつ減少するため，8 回の α 壊変で原子番号は 92 から 76 まで減少します．また，1 回の β 壊変で原子番号が 1 ずつ増加するため，原子番号が 76 から 82 まで増加するには，β 壊変を 6 回繰返す必要があります．したがって，α 壊変を 8 回，β 壊変を 6 回繰返すと，ウラン $^{238}_{92}$U が鉛 $^{206}_{82}$Pb になります．

薬学への応用

§26・4 で述べた放射線は，薬学と深く関わっています．薬が使い方を誤ると毒になるのと似て，放射線は人体に悪影響も及ぼしますが，使い方しだいでは病気の治療や診断に絶大な威力を発揮します．詳しいことは後学年で学ぶことになりますが，放射線の正しい知識を身に付けることは，薬を扱う上でとても重要なことになります．

演習問題

1. つぎの文中の空欄に適切な数字を入れなさい．
   - 原子は原子核の $\boxed{a}$ 倍の大きさである．
   - 陽子と中性子はほぼ同じ大きさで，質量は $\boxed{b}$ kg であるが，電荷は異なっていて，陽子が $\boxed{c}$ C，中性子が $\boxed{d}$ C である．
   - 陽子と電子はもっている電荷の大きさは $\boxed{e}$ C で，同じであるが，質量は約 $\boxed{f}$ 倍，陽子の方が重い．

発展 β 壊変

β 壊変とは，原子核の質量数が変わらない原子核壊変のことで，いくつかの種類がある．本文中で述べた β 壊変は，負電荷をもつ普通の電子を放出するので，**β⁻ 壊変**ともよばれる．原子核の中の中性子が，陽子に変わることに基づくもので，陽子，中性子，電子をそれぞれ p⁺, n⁰, e⁻ とすると，n⁰→p⁺+e⁻ であり，反応式の両側で重い粒子の数（陽子と中性子の合計，バリオン数という）と電荷が保存されている．β⁻ 壊変は，原子核の中の中性子が多い原子核で起こりやすい．

電子と形や質量が同じで，電荷だけが異なる陽電子 e⁺ を放出する原子核の壊変が β⁺ 壊変で，陽子が中性子と陽電子になる反応 p⁺→n⁰+e⁺ である．この反応でも，矢印の両側でバリオン数と電荷が保存されている．この β⁺ 壊変は，原子核の中の陽子が多い原子核で起こりやすく，天然に存在する放射性同位体が起こすことはない．この β⁺ 壊変では，原子番号が 1 減少するが，質量数に変化はない．なお，β⁺ 壊変は，軌道電子捕獲という別の β 壊変を伴うのが一般的である．

β⁺ 壊変で放出される陽電子は，電子と衝突し，互いに影も形も無くなり，代わりに波長が 2.43 pm の γ 線が 2 本生じる．この 2 本の γ 線を利用するのが **陽電子放出断層撮影法（PET）** で，がんなどの早期診断に役立っている．

第27章 光の粒子性

到達目標
1. 光電効果を説明できる.
2. コンプトン効果を説明できる.
3. 光の二重性について説明できる.

考えてみよう　光は波でしょうか，それとも粒子でしょうか．簡単に解決できそうな問題ですが，長い年月にわたり論争が行われてきました．逆位相の二つの光が重なって打ち消しあう干渉（☞ 第17章）は，光が波であることの決定的な証拠です．光が粒子であれば，粒子同士が重なって打ち消しあうことなどないからです．一方，光が粒子でなければ説明できない現象も数多くあります．今日では，光は波と粒子の性質を併せもつことが知られており，これを光の二重性といいます．

27・1 光の粒子性を証明する現象（1）── 光電効果

　第15章と第19章では，光は波であると述べたが，実は粒子としての性質ももっている．金属の表面に光を照射すると，金属のもつ自由電子が表面から飛び出す．このような現象を**光電効果**といい，光の粒子性を証明する代表的な現象の一つである.

　図27・1のような光電管を用いて光電効果を観測しよう．ガラスでできた光電管の内面の半分に金属を付着させ，外部から光を金属に照射すると，光電効果によって金属の表面から電子が飛び出す．光電管の中央に陽極を取付け，金属を陰極として電圧を加えると，負電荷をもつ電子は陽極に移動し，電極間に電流が流れる．

　このとき，照射する光が強いほど電子の数は多くなり，光の振動数が大きいほど電子の運動エネルギーは増加する．光を粒子の集まりとする光の粒子性によれば，光の粒子である**光子***のエネルギー E は光の振動数 ν に比例する．

$$E = h\nu \tag{27・1}$$

ここで，比例定数 h を**プランク定数**といい，$h = 6.63 \times 10^{-34}$ J s である．

　光子のエネルギーを吸収して電子が飛び出すとすれば，光の振動数が大きいほど電子の運動エネルギーが増加する事実をうまく説明できる．光の振動数と電子の運動エネルギーの関係を図27・2に示す．電子の運動エネルギーは，光の振動数 ν とともに直線的に増加し，その傾きはプランク定数 h に等しい．

$$\frac{1}{2}mv^2 = h\nu - W \tag{27・2}$$

ここで，W は**仕事関数**であり，自由電子と金属イオンの間に働くクーロン力に打ち勝って，自由電子が金属の表面から飛び出すのに必要なエネルギーに等しい．光子のエネルギー $h\nu$ を吸収した自由電子は，仕事関数 W に等しいエネ

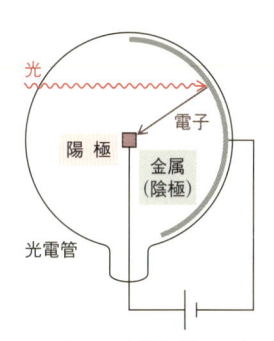

図 27・1 光電効果　光電管内の金属（電位が掛けられている）に光が当たると，電子が飛び出してくる．金属の表面から飛び出した電子を光電子という．

* 光の粒子としての性質を強調する場合，**光子**（**光量子**）ということがある．

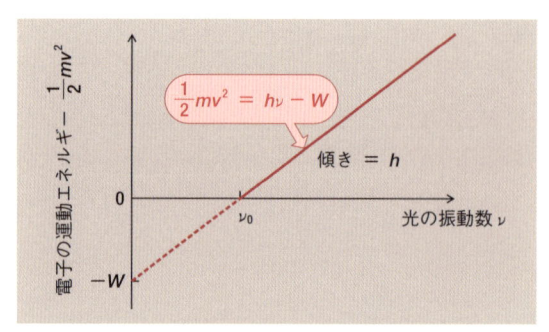

図 27・2 光電効果における光の振動数と電子のエネルギーの関係　飛び出す電子の運動エネルギーは，照射する光の振動数と直線関係にあるが，ν_0 以下の光では電子は飛び出さない．

ギーを使って金属の表面から飛び出し，$h\nu - W$ の運動エネルギーをもつ電子になる．

臨界振動数：電子の運動エネルギーが 0 J になる振動数のことで，臨界振動数より小さい振動数をもつ光をいくら照射しても光電効果は起こらない．

*1 ここでいう光とは，すべての電磁波のことであり，X 線も含まれる．

*2 物体（粒子）同士の弾性衝突では，エネルギーと運動量が保存されるが，波は衝突しても波形を保ったまま通り抜ける（☞第 17 章）．よって，コンプトン効果は光の粒子性を示しているといえる．

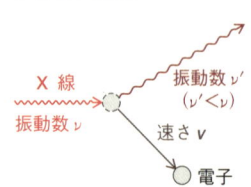

図 27・3 コンプトン効果　静止している電子に X 線（振動数 ν）が当たると，電子が動き出し（速さ v），X 線（振動数 ν'）の進行方向が変化する．

27・2　光の粒子性を証明する現象 (2) —— コンプトン効果

光[*1]の粒子性を証明する現象は，X 線と電子が衝突する際にも現れる．図 27・3 のように X 線と電子が衝突すると，まるで物体同士が衝突したかのように，X 線は電子を弾き飛ばす．このような X 線と電子の衝突を**コンプトン効果**または**コンプトン散乱**といい，光電効果とともに光の粒子性を証明する代表的な現象の一つである．

コンプトン効果では，物体同士の弾性衝突と同様に，運動量とエネルギーが保存される（☞第 8 章，第 10 章）[*2]．X 線と電子が衝突すると，X 線のエネルギーが減少した分だけ，電子の運動エネルギーは増加する．光子のエネルギーは X 線の振動数に比例する（式 27・1）ので，衝突前後の光の振動数をそれぞれ ν, ν' とすると，弾き飛ばされた電子の運動エネルギーは次式で与えられる．

$$\frac{1}{2}mv^2 = h\nu - h\nu' \qquad (27\cdot3)$$

ただし，X 線と衝突する前の電子は静止していたものとする．

光の干渉から光の波動性が明らかなように，光電効果やコンプトン効果から光の粒子性もまた明らかである．光は波動性と粒子性を併せもち，これを**光の二重性**という．一方，電子のような粒子も粒子性と波動性の二重性を示すことが知られている．光や電子の二重性は，古典力学では説明のつかない現象であり，**量子力学**の根源となる現象の一つである．

やってみよう

▶ コンプトン効果によって，X 線の振動数が 1.00×10^{16} Hz だけ減少したとき，弾き飛ばされた電子の速さを求めましょう．ただし，X 線と衝突する前の電子は静止していたものとします．

◀電子の速さは式 27・3 より以下のように求まります．

$$v = \sqrt{\frac{2h(\nu - \nu')}{m}} = \sqrt{\frac{2 \times (6.63 \times 10^{-34}\,\text{J s}) \times (1.00 \times 10^{16}\,\text{Hz})}{9.11 \times 10^{-31}\,\text{kg}}}$$
$$= 3.82 \times 10^6\,\text{m s}^{-1}$$

また，衝突前のX線の波長が 1.00 nm であれば，X線の振動数が 1.00×10^{16} Hz だけ減少すると，衝突後のX線の波長は 1.03 nm になり，コンプトン散乱によってX線の波長は長くなります．

薬学への応用

　光の二重性の優れた点は，そのときどきに応じて都合の良い考えを使えることにあります．薬の分析には光（電磁波）を使う方法がたくさんあり，その原理に精通しておく必要があります．光を使った分析法には，光を波として考えた方が理解しやすいものと，粒子として考えた方が理解しやすいものがあるので，光の二重性をここでしっかりと理解するようにしましょう．

演習問題

1. ある金属の表面に 550 nm の光を照射したところ，2.96×10^5 m s^{-1} の速さで電子が飛び出していき，400 nm の光を照射したところ，6.22×10^5 m s^{-1} の速さで電子が飛び出していった．この金属の仕事関数と，電子が飛び出していくために必要な光の波長を求めなさい．

第28章 原子のエネルギー準位

到達目標
1. 原子が放出または吸収する光について説明できる．
2. 原子の定常状態とエネルギー準位を説明できる．
3. ボーアの原子模型について説明できる．

考えてみよう
原子が吸収する光の波長は特定の値に限られますが，それはなぜでしょう．原子が光を吸収すると，原子のもつ電子の状態が変化します．電子の状態が連続的に変化すれば，あらゆる波長の光を吸収することもできますが，電子のとりうる状態には制限があり，原子のエネルギーは飛び飛びの値をとることしかできません．そのエネルギー差に等しいエネルギーをもつ光を吸収した場合にのみ，電子の状態が変化します．

28・1 水素原子の発する光の規則性

プリズムなどの分光器に光を通すと，波長の順に並んだ光の帯が現れる．これを**スペクトル**といい[*]，物質が放出する光の**発光スペクトル**や，物質が吸収する光の**吸収スペクトル**を分析すると，物質を構成する原子の状態を知ることができる．

[*] 一般に，横軸に波長，縦軸に強度をとって表すのが，光を用いる分析でいうところのスペクトルである．

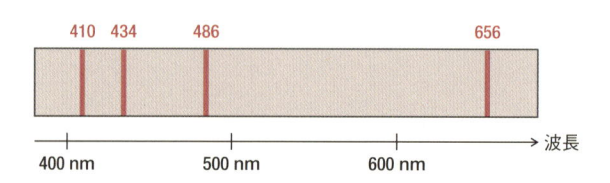

図 28・1 水素原子の線スペクトル（バルマー系列） 水素を封入した放電管は，可視光線領域ではこの四つの波長の光しか出さない．

放電管にごく少量の水素を封入し，電圧を加えて真空放電を起こす（☞§25・1）と，放電管内の水素が光りだす．水素の発光スペクトルでは，図28・1のように 410 nm, 434 nm, 486 nm, 656 nm の四つの波長をもつ光が可視光線の領域に観測される．このように特定の波長をもつ光だけが観測されるスペクトルを**線スペクトル**という．

バルマー（J. J. Balmer）は，水素の線スペクトルの波長 λ に以下の規則性を見いだした．

$$\lambda = (364.6 \text{ nm}) \times \frac{n^2}{n^2 - 2^2} \qquad n = 3, 4, \cdots \qquad (28\cdot1)$$

さらに，リュードベリ（J. R. Rydberg）は，波長の逆数である**波数** $\tilde{\nu}$ を用いて，式28・1を以下のように表した．

波数と振動数：波長の逆数（波数）に光の速さ（定数）を掛けたものが振動数である．光のもつエネルギーは，振動数に比例するので，波数は，しばしば，電磁波のもつエネルギーの大小を表すために使われる．

$$\tilde{\nu} = \frac{1}{\lambda} = R\left(\frac{1}{2^2} - \frac{1}{n^2}\right) \qquad n = 3, 4, \cdots \qquad (28\cdot2)$$

ここで，R を**リュードベリ定数**といい，$R = 1.10 \times 10^7 \, \mathrm{m^{-1}}$ である．その後，紫外線と赤外線の領域にも水素の線スペクトルが発見され，次式が成り立つことが明らかになった．

$$\tilde{\nu} = \frac{1}{\lambda} = R\left(\frac{1}{n'^2} - \frac{1}{n^2}\right) \quad n', n \text{ ともに自然数}(n' < n) \quad (28 \cdot 3)$$

n' が等しい一連の線スペクトルを（水素原子の）**スペクトル系列**といい，$n' = 1$ のライマン系列は紫外線の領域に，$n' = 2$ のバルマー系列（式 28・1, 28・2）は可視光線の領域に，$n' = 3$ のパッシェン系列は赤外線の領域に観測される（図 28・2）．

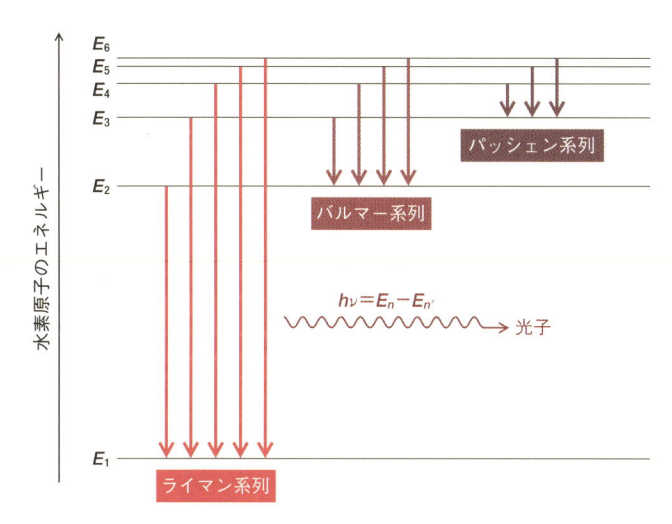

図 28・2 水素原子のエネルギー準位とスペクトル系列 各系列の赤矢印の長さは，放出される光の振動数と比例関係にある．

28・2 スペクトル系列から得られる量子数

水素の線スペクトルを説明するため，ボーア（N. Bohr）はつぎの二つの仮説を立てた．1) **量子条件**: 原子には安定に存在できる**定常状態**がある．定常状態のエネルギーを**エネルギー準位**といい，原子のエネルギー準位は図 28・2 のように飛び飛びの値をとるという仮説である．2) **振動数条件**: あるエネルギー準位から他のエネルギー準位に移るとき，そのエネルギー差に等しいエネルギーをもつ光子を吸収または放出するという仮説である．エネルギー準位の低い順に番号を付け，これを**量子数**という．量子数 n のエネルギー準位を E_n とすると，量子数 n のエネルギー準位から量子数 n' のエネルギー準位に移るときに放出される光子のエネルギーは，式 27・1 を用いて次式で与えられる．

$$h\nu = E_n - E_{n'} \quad (28 \cdot 4)$$

28・3 ボーアの原子模型

量子条件を実現するために考案された**ボーアの原子模型**を図 28・3 に示す．

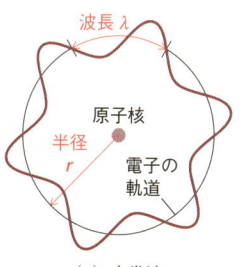

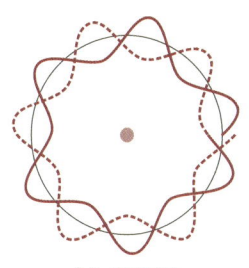

図 28・3 ボーアの原子模型 (a) の条件が成立するとき定常波となり，波は消えないが，この条件が成立しないとき (b)，波はしだいに打ち消しあい，定常波にはならない．

*1 電子の波動性とは，波と信じられていた光が，粒子としての性質をもつことから，逆に粒子である電子にも波としての性質があるとする考え．速度vで運動する質量mの物質が波であるとすると，その波長λは$\lambda = h/mv$となる．hはプランク定数である．

*2 nが§28・2の量子数に相当する．

ボーアは**電子の波動性**[*1]に着目し，電子の円軌道が波長の整数倍に一致するときだけ，電子が安定して円軌道を周回できると仮定した．円周に沿って伝わる波は，1周した後，元の波と重なる．このとき，二つの波の位相が完全に一致すれば，互いに強めあい，図28・3aのように定常波（☞第18章）を形成する．

一方，二つの波の位相がわずかでも異なれば，周回するたびに位相のずれが大きくなり，結果として互いに打ち消しあう．したがって，半径rの円軌道を周回する電子が定常波を形成する条件は，電子の波長λを用いて次式で与えられる．

$$2\pi r = n\lambda \qquad n = 1, 2, \cdots \qquad (28\cdot 5)^{*2}$$

ボーアは，式28・5を用いて式28・3を導き，水素の線スペクトルを見事に説明した．今日では，原子がもつ電子の軌道は**シュレーディンガー方程式**から求まることが知られており，ボーアの原子模型が正しいとはいえないが，ボーアが考案した仮説は量子化学の先駆けとなった．

やってみよう

▶ ライマン系列とパッシェン系列の水素スペクトルの波長を求めましょう．

◀ ライマン系列の水素スペクトルの波長は，式28・3に$n' = 1$を代入して以下のように求まります．

$$\frac{1}{\lambda} = R\left(\frac{1}{1^2} - \frac{1}{n^2}\right) = (1.10 \times 10^7 \, \text{m}^{-1}) \times \left(1 - \frac{1}{n^2}\right)$$

$n = 2, 3, 4, \cdots$ のそれぞれについて波長を計算すると，$\lambda = 121$ nm, 102 nm, 97 nm, $\cdots$ となり，これらの線スペクトルは紫外線の領域に観測されます．同様に，パッシェン系列の水素スペクトルの波長は，式28・3に$n' = 3$を代入して求まります．$n = 4, 5, 6, \cdots$ のそれぞれについて波長を計算すると，$\lambda = 1870$ nm, 1280 nm, 1090 nm, $\cdots$ となり，これらの線スペクトルは赤外線の領域に観測されます．

薬学への応用

有機化学でs軌道やp軌道，さらには混成軌道というものを学びます．これはボーアの原子模型を出発点として発展したシュレーディンガー方程式を解くことによって近似的に求まるものです．コンピューターの発達した現在では，多くの薬の構造，性質，反応性を理論的に（ある程度は）予測することができるようになっています．

演習問題

1. 図28・2でE_1状態にある水素原子に121 nmの紫外線を照射するとどうなるか．また，102 nmの紫外線を照射するとどうなるか．さらに，式28・3で求まる波長以外の電磁波を照射するとどうなるか．

付　　録

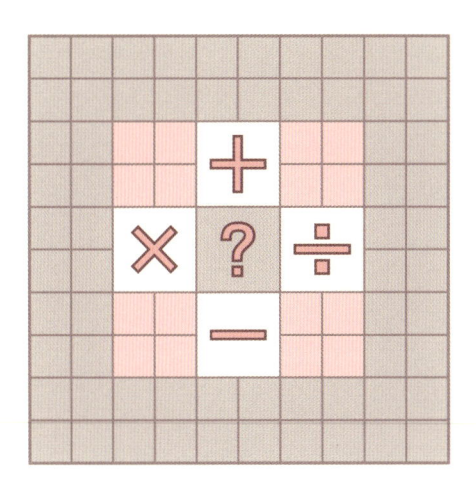

演習問題の解答
索　　引

演習問題の解答

第1章

1. メートル m（長さのSI基本単位），キログラム kg（質量のSI基本単位），秒 s（時間のSI基本単位）

2. 立方体の1辺の長さを x とすると，$x^3 = 64\,\mu\text{L} = 64 \times 10^{-6}\,\text{L} = 64 \times 10^{-9}\,\text{m}^3 = (4 \times 10^{-3})^3\,\text{m}^3$ なので，$x = 4 \times 10^{-3}\,\text{m}$ となる．よって，求める値は 4 mm．

第2章

1. 平行四辺形の対角線が $\boldsymbol{F}_A$ となるように x 軸方向と y 軸方向に分解する．$F_A = 6.0\,\text{N}$ であるから，$F_x = F_A \cos 30° = 6.0 \times \frac{\sqrt{3}}{2} = 5.2\,\text{N}$，$F_y = F_A \sin 30° = 6.0 \times \frac{1}{2} = 3.0\,\text{N}$．

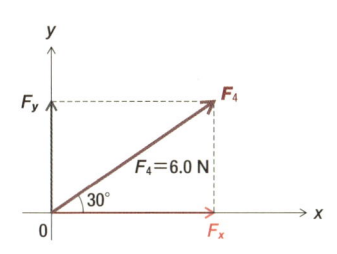

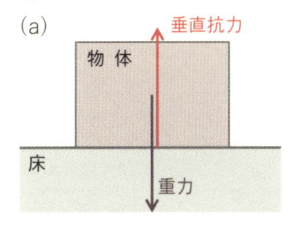

第3章

1.
(a) 垂直抗力，物体，床，重力
(b) 糸，張力，小球，重力

2.
(a) 引く力を F，静止摩擦力を f とすると，動き出すまでは $F = f$ が成立するので，$f = F = 4.9\,\text{N}$．
(b) 垂直抗力を N，静止摩擦係数を μ とすると，$f = \mu N$ の関係が成立する．さらに，重力加速度を g，質量を m とすると，$N = mg$ も成立するので，$\mu mg = f$ となる．よって，

$$\mu = \frac{f}{mg} = \frac{4.9\,\text{N}}{0.10\,\text{kg} \times 9.8\,\text{m s}^{-2}} = 5.0$$

第4章

1. Aによる力：$F_A = 30 \times 9.8\,\text{N}$
Bによる力：$F_B = 50 \times 9.8\,\text{N}$
Oを回転中心とし，求めるBの位置をOから右に l_2 m とすると，
Aのモーメント：$M_A = 30 \times 9.8 \times 1.0\,\text{N m}$
Bのモーメント：$M_B = 50 \times 9.8 \times l_2\,\text{N m}$
よってつりあうためには $M_A = M_B$ であればよいので，$30 \times 9.8 \times 1.0 = 50 \times 9.8 \times l_2$ より，$l_2 = 0.60\,\text{m}$．

第5章

1. 式 5·4 より，$\bar{v} = \dfrac{\Delta x}{\Delta t} = \dfrac{9.00 - 1.00}{6.00 - 2.00} = \dfrac{8.00}{4.00} = 2.00\,\text{m s}^{-1}$

2. 式 5·4 より，$\bar{v} = \dfrac{\Delta x}{\Delta t} = \dfrac{1.0201 - 1.0000}{2.0200 - 2.0000} = \dfrac{0.0201}{0.0200} = 1.005 \approx 1.01\,\text{m s}^{-1}$

3. 式 5·6 より，$v = \dfrac{dx}{dt} = \dfrac{d}{dt}\left(\dfrac{1}{4}t^2\right) = \dfrac{1}{2}t$
ここに $t = 2.00$ を代入して，$v = 1.00\,\text{m s}^{-1}$．

第6章

1.

(a) $v_{0x}=v_0\cos\theta$; $v_{0y}=v_0\sin\theta$

(b) x 方向には力が働かないので等速運動し（詳細は第7章），y 方向は重力により重力加速度 g で落下する．重力は下向きに働くので，この場合は加速度を $-g$ とすると，
$v_x=v_{0x}=v_0\cos\theta$; $v_y=v_{0y}-gt=v_0\sin\theta-gt$

(c) $x=v_{0x}t=v_0\cos\theta\cdot t$; $y=v_{0y}t+\frac{1}{2}(-g)t^2=v_0\sin\theta\cdot t-\frac{1}{2}gt^2$

(d) (c) の x と y から t を消去すると，
$$y = \tan\theta\cdot x - \frac{g}{2v_0^2\cos^2\theta}x^2$$

となり，θ, v_0 が決まれば（定数ならば），これは $y=bx-ax^2$ の二次関数であるから，$x=0$, $x=(2v_0^2\sin\theta\cos\theta)/g$ で x 軸と交わる．すなわち，投げだされた物体が再び元の高さまで戻るまでに水平に移動した距離は $(2v_0^2\sin\theta\cos\theta)/g$ である．

第7章

1. 物体に働く力は，図のように重力 mg，垂直抗力 N，動摩擦力 f' である．

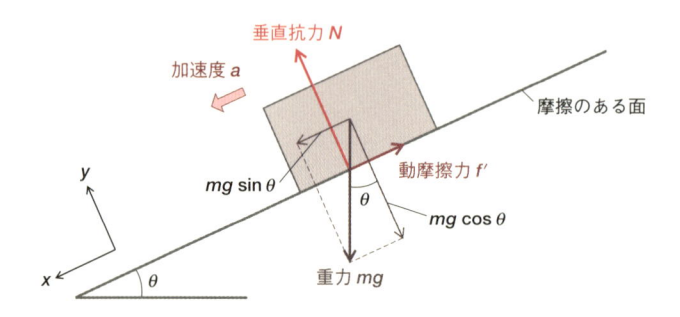

斜面下向きに x 軸，斜面垂直上向きに y 軸をとり，加速度は斜面に沿って下向きに a とすると，x 方向の運動方程式は
$$ma = mg\sin\theta - f'$$

y 方向は力がつりあいの状態にあるので，
$$N = mg\cos\theta$$

また，動摩擦力 $f'=\mu'N=\mu'mg\cos\theta$ より，$ma=mg(\sin\theta-\mu'\cos\theta)$．したがって，
$$a = g(\sin\theta - \mu'\cos\theta)$$

第8章

1. 衝突後の A, B の速度を v_A, v_B とする．右向きを正とすると，運動量保存則より，
$$20\times 1.0 + 15\times(-2.0) = 20v_A + 15v_B$$

また，反発係数の式 8・7 より，
$$1.0 = -\frac{v_A - v_B}{1.0-(-2.0)}$$

これらの連立方程式を解いて，$v_A=-1.6\,\mathrm{m\,s^{-1}}$, $v_B=1.4\,\mathrm{m\,s^{-1}}$．よって，A は左向きに $1.6\,\mathrm{m\,s^{-1}}$，B は右向きに $1.4\,\mathrm{m\,s^{-1}}$．

第 9 章

1. 加えた力の方向と移動させた向きが異なるので，力を移動した方向（水平方向）に分解すると
$$F_x = F\cos 30° = 8.0 \times \frac{\sqrt{3}}{2} \quad \text{よって} \quad W = F_x s = 8.0 \times \frac{\sqrt{3}}{2} \times 2.0 \approx 14\,\text{J}$$

第 10 章

1. 高さ 5.0 m の位置から静かに物体を落とすので $v_1=0$ として，力学的エネルギーは，
$$mgh_1 + \frac{1}{2}mv_1^2 = 2.0 \times 9.8 \times 5.0 + 0$$
地面では高さ $h_2=0$．求める速さを v_2 として，力学的エネルギーは，
$$mgh_2 + \frac{1}{2}mv_2^2 = 0 + \frac{1}{2} \times 2.0 \times v_2^2$$
力学的エネルギー保存則より，
$$2.0 \times 9.8 \times 5.0 = \frac{1}{2} \times 2.0 \times v_2^2$$
よって $v_2 = 9.9\,\text{m s}^{-1}$．

第 11 章

1. 振動数は 1 秒間に回転する回数なので，

振動数: $f = \dfrac{6.0}{2} = 3.0$　より　$3.0\,\text{Hz}$

周　期: $T = \dfrac{1}{f} = \dfrac{1}{3.0}$　より　$0.33\,\text{s}$

速　さ: $v = \dfrac{2\pi r}{T} = \dfrac{2 \times 3.14 \times 0.50}{1/3.0}$　より　$9.4\,\text{m s}^{-1}$

角速度: $\omega = 2\pi f = 2 \times 3.14 \times 3.0 = 19$　より　$19\,\text{rad s}^{-1}$

向心力: $F = mr\omega^2 = 1.0 \times 0.50 \times (2 \times 3.14 \times 3.0)^2$　より　$1.8 \times 10^2\,\text{N}$

第 12 章

1. $72\,\text{km h}^{-1} = 20\,\text{m s}^{-1}$ であるから，車の運動エネルギーは $\frac{1}{2}mv^2 = \frac{1}{2} \times 1000 \times (20)^2$．これが，すべて熱に変換されるので，生じる熱量は $2.0 \times 10^5\,\text{J}$

第 13 章

1. 1 kg = 1000 g であることに注意して，温度変化 $\Delta T = 15.0 - 12.0 = 3.0\,\text{K}$ であるから，$Q = mc\Delta T = 1000\,\text{g} \times 0.80\,\text{J K}^{-1}\text{g}^{-1} \times 3.0\,\text{K} = 2400\,\text{J}$．よって，$2.4 \times 10^3\,\text{J}$．

第 15 章

1. 式 15・1 より，波長 800 nm の光の振動数は
$$\nu = \frac{c}{\lambda} = \frac{3.00 \times 10^8\,\text{m s}^{-1}}{800 \times 10^{-9}\,\text{m}} = 3.75 \times 10^{14}\,\text{s}^{-1} = 3.75 \times 10^{14}\,\text{Hz}$$

2. 式 15・1 より，振動数 500 MHz の電磁波の波長は
$$\lambda = \frac{c}{\nu} = \frac{3.00 \times 10^8\,\text{m s}^{-1}}{500 \times 10^6\,\text{s}^{-1}} = 0.600\,\text{m}$$

第 16 章

1. (a) 8，(b) 4，(c) 3．式 16・4 と比較すると，周期 $T=8$，波長 $\lambda=4$，振幅 $A=3$ である．
2. 式 16・3 より，周期 $T=8$，波長 $\lambda=4$ の波の位相は $\theta = 2\pi\left(\dfrac{t}{8} - \dfrac{x}{4}\right)$ である．
(a) $t=0$, $x=0$ のとき $\theta=0$；(b) $t=0$, $x=4$ のとき $\theta=-2\pi$；(c) $t=8$, $x=0$ のとき $\theta=2\pi$；
(d) $t=4$, $x=3$ のとき $\theta=-\dfrac{\pi}{2}$ となる．
3. $t=0$ のとき $y = 3\sin\left(-\pi\dfrac{x}{2}\right)$，$t=4$ のとき $y = 3\sin\left(\pi - \pi\dfrac{x}{2}\right)$ となり，つぎの図のようになる．

112　付　録

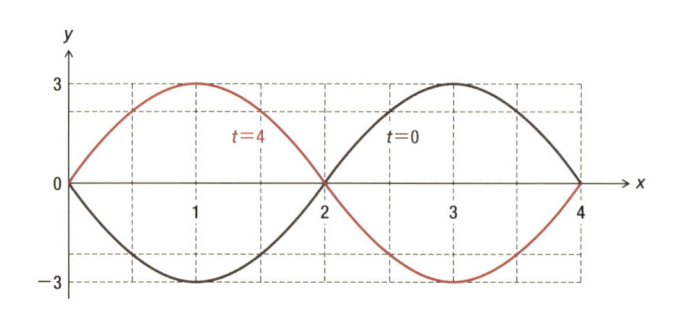

第17章　1. 二つの正弦波 $y_1 = A\sin\left(-2\pi\frac{x}{\lambda}\right)$, $y_2 = A\sin\left(\pi - 2\pi\frac{x}{\lambda}\right)$ は逆位相の関係にあり，互いに打ち消しあう．

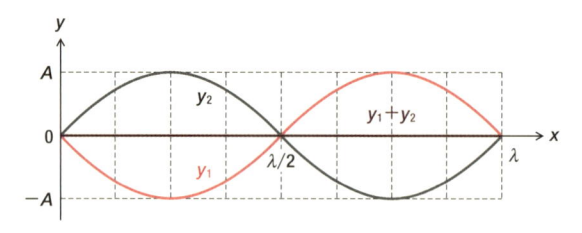

一方，二つの正弦波 $y_1 = A\sin\left(-2\pi\frac{x}{\lambda}\right)$, $y_2 = A\sin\left(2\pi - 2\pi\frac{x}{\lambda}\right)$ は同位相の関係にあり，互いに強めあう．

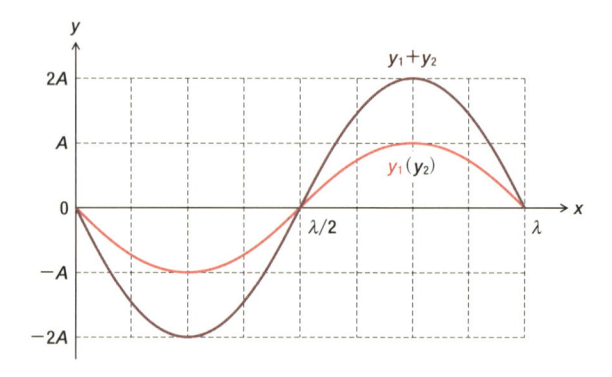

第18章　1. 振幅 3，周期 8，波長 4 の定常波は，式 18・2 に $A=3, T=8, \lambda=4$ を代入して，

$$y = 2A\sin 2\pi\frac{t}{T}\cos 2\pi\frac{x}{\lambda} = 6\sin\frac{\pi t}{4}\cos\frac{\pi x}{2}$$

となり，下図のようになる．

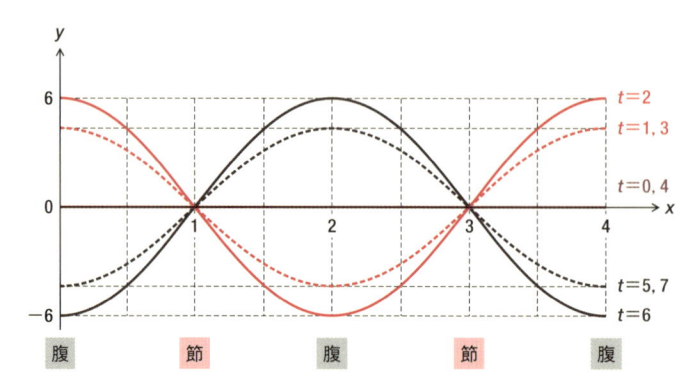

演習問題の解答　113

また，$x=1, 3$ に節があるので，節と節の間隔は 2 となり，波長 4 の半分である．

2. (a) 440; (b) 2.00; (c) 880

弦が発する音のほとんどが基本振動によるものであり，この弦の基本振動の固有振動数は 440 Hz である．また，式 18・5 に $n=1$ を代入して，基本振動の波長は $\lambda_1 = 2L = 2 \times (1.00 \text{ m}) = 2.00 \text{ m}$，弦を伝わる波の速さは $v = f_1 \lambda_1 = (440 \text{ Hz}) \times (2.00 \text{ m}) = 880 \text{ m s}^{-1}$ となる．

第 19 章

1. ダイヤモンド中（$n_1 = 2.42$）から空気中（$n_2 = 1$）に入射する光の相対屈折率は $n_{12} = n_2/n_1 = 1/2.42$ である．屈折角が 90° になるとき，臨界角 θ_c は式 19・2 より，

$$\frac{1}{2.42} = \frac{\sin\theta_c}{\sin 90°}, \qquad \sin\theta_c = 0.413, \qquad \theta_c = 24.4°$$

となる．

2. 真空中から物質中（$n=1.5$）に入射した光の屈折では，式 19・2 より，入射角が 30° のとき屈折角は 19.5°，入射角が 45° のとき屈折角は 28.1°，入射角が 60° のとき屈折角は 35.3° になる．

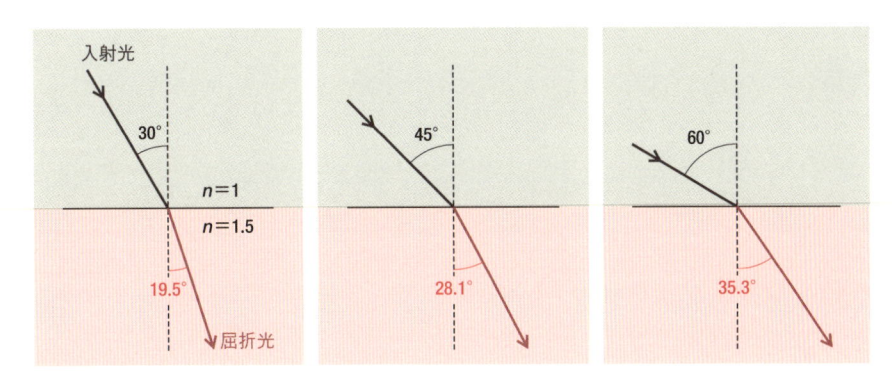

第 20 章

1. Na^+ と Cl^- の電荷の大きさは電気素量 e に等しい．また，Na^+ と Cl^- を点電荷と仮定すると，電荷間の距離はイオン半径の和 0.276 nm である．したがって，Na^+ と Cl^- の間に働くクーロン力の大きさは，式 20・1 のクーロンの法則より，

$$F = k\frac{e^2}{r^2} = \frac{(8.99 \times 10^9 \text{ N m}^2 \text{ C}^{-2}) \times (1.60 \times 10^{-19} \text{ C})^2}{(0.276 \times 10^{-9} \text{ m})^2} = 3.02 \times 10^{-9} \text{ N}$$

となる．

第 21 章

1. 細胞膜を平行に並んだ極板と仮定すると，式 21・3 より，

$$E = \frac{V}{d} = \frac{70.0 \times 10^{-3} \text{ V}}{4.00 \times 10^{-9} \text{ m}} = 1.75 \times 10^7 \text{ V m}^{-1}$$

となる．

第 22 章

1. 式 22・1 より，平行板コンデンサーの極板に蓄えられる電荷は

$$Q = CV = (100 \times 10^{-12} \text{ F}) \times (12 \text{ V}) = 1.2 \times 10^{-9} \text{ C}$$

となる．極板間を水で満たすと，電気容量は真空の場合の 80 倍になるので（☞ 第 22 章 "やってみよう"），極板間の電圧は

$$V = \frac{Q}{C} = \frac{1.2 \times 10^{-9} \text{ C}}{80 \times (100 \times 10^{-12} \text{ F})} = 0.15 \text{ V}$$

となり，真空の場合の 80 分の 1 になる．極板の間隔が変わらなければ，電場の大きさも 80 分の 1 になり，極板間にある電荷に働く力も 80 分の 1 になる．

2. クーロン力は，電荷を取囲む物質の誘電率に反比例する（☞ 第 20 章）．水の比誘電率 $\varepsilon_r = 80$ より，

114　付　録

式 20・1 の比例定数 k は，真空中での $k=8.99\times10^9$ N m² C⁻² に対し，水中では $k=1.12\times10^8$ N m² C⁻² になる．したがって，水中で Na⁺ と Cl⁻ の間に働くクーロン力は

$$F = k\frac{e^2}{r^2} = (1.12\times10^8 \text{ N m}^2\text{ C}^{-2}) \times \frac{(1.60\times10^{-19}\text{ C})^2}{(0.276\times10^{-9}\text{ m})^2} = 3.8\times10^{-11} \text{ N}$$

となり，真空中で Na⁺ と Cl⁻ の間に働くクーロン力の 80 分の 1 になる（☞ 第 20 章"演習問題"）．

第 23 章

1. 電熱線のジュール熱は，電圧と電流の積である電力に比例する．電圧が等しければ，電気抵抗が小さいほど電流が大きく，ジュール熱も大きい．しかし，電気抵抗の小さい金属線を使うと電流が流れすぎるので，細長い金属線をコイル状に曲げて，電気抵抗を適度に大きくし，電流を適切な値に調節する必要がある．

2. 水に溶けるとイオンになりやすい物質（電解質）を溶かすとよい．また，生じたイオンの電荷が大きく，イオンが速く移動するほど，電流が流れやすいので，サイズが小さく，かつ大きな価数のイオンを生ずるような電解質がよい．

第 24 章

1. 式 24・3 より，ローレンツ力は電荷に比例する．M⁺ は $+e$ の正電荷をもち，M²⁺ は $+2e$ の正電荷をもつので，M²⁺ の電荷は M⁺ の 2 倍であり，M²⁺ が受けるローレンツ力の大きさもまた M⁺ の 2 倍になる．

2. フレミングの左手の法則より，電荷の進行方向が変わらず，磁場が逆向きになれば，ローレンツ力が働く方向も逆向きになる（反時計回りの回転の中心を向く）．

第 25 章

1. 放電管内の気体の圧力が低すぎると，電子は気体分子と衝突することなく陽極に到達するため，放電管内の気体は光らなくなる．

2. 陰極にある電子がもつ位置エネルギーは，

$$eV = (1.60\times10^{-19}\text{ C}) \times (100\text{ V}) = 1.60\times10^{-17} \text{ J}$$

である．また，この電子が陽極に達したときの速さは，エネルギー保存則より，

$$\frac{1}{2}mv^2 = eV$$

$$v = \sqrt{\frac{2eV}{m}} = \sqrt{\frac{2\times(1.60\times10^{-17}\text{ J})}{9.11\times10^{-31}\text{ kg}}} = 5.93\times10^6 \text{ m s}^{-1}$$

となる．

第 26 章

1. (a) 10^5; (b) 1.67×10^{-27}; (c) 1.60×10^{-19}; (d) 0; (e) 1.60×10^{-19}; (f) 2000

第 27 章

1. 波長 550 nm，400 nm の光の振動数は，それぞれ 5.45×10^{14} Hz，7.50×10^{14} Hz である．また，速さ 2.96×10^5 m s⁻¹，6.22×10^5 m s⁻¹ の電子の運動エネルギーは，それぞれ 3.99×10^{-20} J，1.76×10^{-19} J である．光の振動数と電子の運動エネルギーの関係は，式 27・2 より，

550 nm のとき：　　3.99×10^{-20} J $= h \times (5.45\times10^{14}\text{ s}^{-1}) - W$
400 nm のとき：　　1.76×10^{-19} J $= h \times (7.50\times10^{14}\text{ s}^{-1}) - W$

となる．これを解いて，プランク定数 $h=6.63\times10^{-34}$ J s，仕事関数 $W=3.21\times10^{-19}$ J が得られる．また，電子が飛び出していくために必要な光（電子の運動エネルギーが 0 J になる）の振動数は，

$$0 = (6.63\times10^{-34}\text{ J s}) \times \nu_0 - (3.21\times10^{-19}\text{ J})$$

を解いて，$\nu_0=4.84\times10^{14}$ Hz であり，その波長は 620 nm である．

第 28 章

1. 水素原子が E_2 状態から E_1 状態に移るとき，121 nm の光を放出する．（☞ 第 28 章 "やってみよう"）．逆に，121 nm の光を吸収すると，水素原子は E_1 状態から E_2 状態に移る．同様に 102 nm の光を吸収すると水素原子は E_1 状態から E_3 状態に移る．また，エネルギー準位間のエネルギー差に等しいエネルギー（波長）をもつ光のみを吸収し，それ以外のエネルギー（波長）をもつ光は吸収しないから，式 28・3 で求まる波長以外の電磁波は照射しても何も起こらない．

索　引

あ　行

圧　力　4, 11
α壊変　99
α　線　99
α線の後方散乱　98
α崩壊　99
安定同位体　99
アンペア（A）　3, 87

イオン　77
位　相　59, 106
位相差　64
位置エネルギー　34, 36, 37, 46
　　試験電荷がもつ──　81
　　弾性力による──　35
　　電子の──　96
一様な電場　80
陰イオン　77, 86
陰　極　95
陰極線　95
引　力　77

腕の長さ　13
運動エネルギー　34〜36, 46, 50
運動の法則（運動方程式）　24
運動量　27
運動量変化　27
運動量保存則　28

SI 基本単位　3, 4, 87
SI 組立単位　3, 4, 81, 87, 89
SI 接頭語　5
X　線　57, 65, 102
x-t グラフ　17
エネルギー　33
エネルギー準位　105
エネルギー保存則　37, 47, 96
MKSA 単位系　3
円運動　38, 56, 90
遠隔力　9
遠心力　40
鉛直投げ上げ運動　21
円電流　90
エントロピー　50

音　56
オーム（Ω）　4, 87
オームの法則　87
重　さ　9
温　度　3, 4, 45
音　波　56

か　行

外　積　30
回　折　73
回折格子　73
回転運動　26
壊　変　99
ガウス（G）　90
角運動量　40
角運動量保存　40
核　子　98
核　種　99
角速度　38
可視光線　57, 71
画像診断　91
加速度　4, 19
　　等速円運動の──　39
加法定理　62
カロリー（cal）　45, 46
干　渉　63, 67, 101
慣　性　25
慣性質量　24
慣性の法則　25, 31
慣性モーメント　26
慣性力　40
完全非弾性衝突　29
カンデラ（cd）　3
γ壊変　99
γ　線　57, 99
γ崩壊　99

ギ　ガ　5
気体の内部エネルギー　46
基底状態　95
軌道電子捕獲　100
基本振動　69
基本単位　3
逆位相　64
吸収スペクトル　104
凝　固　48
凝　縮　48
極　性　84
極性分子　84
極　板　80
キ　ロ　5
キログラム（kg）　3
キロワット時　31
金属の自由電子　86

空気抵抗　25
偶　力　7, 14
屈　折　71

屈折角　71, 72
屈折光　72
屈折率　71, 73
組立単位　3
クーロン（C）　4, 77, 78
クーロンの法則　78
クーロン力　9, 34, 77, 80, 86, 87, 91, 96, 98
　　点電荷の間に働く──　78
クーロン力の重ねあわせの原理　78

結合エネルギー　34
ケルビン（K）　3
弦の固有振動　69
原子核（のつくり）　98
原子（のつくり）　98
原子番号　99
元素記号　99

光　子　101
向心力　40
合成関数　39
合成波　63
剛　体　6, 9
　　──のつりあい　14
光電管　101
光電効果　101
光電子　101
光　度　3
後方散乱（α線）　98
光量子　101
抗　力　9
国際単位系　3
固有振動　68
固有振動数　68, 69
コンデンサー　84
　　──の電気容量　84
コンプトン効果　102
コンプトン散乱　102

さ　行

剤　形　8
最大摩擦力　10
作　用　11
作用線　7
作用点　7
作用反作用の法則　11
酸化還元　82
三角関数の公式　62, 68

磁　界　89
紫外線　57

索　引

時　間　3, 4
磁気と電流　89
磁気力　9
軸の向き　24
試験電荷　80
仕　事　4, 30, 33
仕事関数　101
仕事と熱　45
仕事の原理　31
仕事率　31, 88
cgs 単位系　3
磁束密度　89, 90
質　点　6
質　量　3, 4, 9
質量数　99
磁　場　71, 89, 90, 97
斜方投射　22
周　期　38, 56
周期運動　56
重　心　9
自由電子　86
10 のべき乗数　5
周波数　4, 38, 56
自由落下　21, 25, 36
重　力　9, 11, 34
重力加速度　9, 11, 20, 24
Joule, J.　45
ジュール（J）　4, 30
ジュール熱　87, 88
ジュールの実験　45
シュレーディンガー方程式　106
瞬間の加速度　19
瞬間の速度　17, 18
昇　華　48
状態変化　48, 50
衝　突　28, 29
蒸　発　48
蒸発熱　49
磁力線　89
真空の誘電率　78, 84
真空放電　95
神経伝達　82
進行波　61
振動運動　38
振動数　4, 38, 56, 104
　　——と電子のエネルギー　102
振動数条件　105
振　幅　59, 67

水　圧　12
水素原子のエネルギー準位　105
水素原子の原子模型　99
水素原子のスペクトル系列　105
水素原子の線スペクトル　104
垂直抗力　10, 11
水平投射　21
スカラー量　6, 16, 30
スペクトル　104
スペクトル系列　105
スリット　73

正極板　80

正弦関数　59
正弦波　60, 61
正弦波の干渉　64, 67
正弦波の合成　68
静止摩擦係数　10
静止摩擦力　10
正電荷　77
静電容量　4
赤外線　57
積　分　23
絶縁体　84, 86
摂　氏　45
接触力　9
接　線　18
絶対温度　45, 46
絶対屈折率　71, 72
絶対零度　46
接頭語　5
セルシウス温度　45
線スペクトル　104, 106
センチ　5
全反射　72

相対屈折率　72
速　度　4, 16
　　等速円運動の——　39
ソレノイド　90

た　行

体重計　9
体　積　4
縦　波　57
単　位　3, 4
単位面積当たりの力　11
単色光　73
単振動　59, 60
弾性エネルギー　35, 37
弾性衝突　29
弾性体　9
弾性力　9
　　——による位置エネルギー　35

力　4, 6
力の合成と分解　7
力の作用線　13
力のつりあい　7
力の向きと大きさ　7
力のモーメント　4, 13, 26, 40
中性子　98
超音波　57
超伝導体　87
張　力　10
直線電流　89

定常状態　105
定常波　67, 106
　　——の固有振動数　68
定常波が生じる条件　68
テスラ（T）　90
Δ　16

電　圧　81, 83
電　位　4, 81, 96
電　荷　4, 77, 83
電　界　80
電解質　88
電荷保存則　77
電気素量　77, 96
電気抵抗　4, 87
　　——とジュール熱　87
電気抵抗率　87
電気伝導　86
電気伝導率　88
電気容量　4, 83
電気力線　80, 81
電気量　4
電　子　77
電磁石　90
電子線　95
　　電場中と磁場中の——　97
電子の位置エネルギー　96
電子の運動エネルギー　96, 101
電子の質量　98
電子の二重性　102
電子の波動性　106
電磁波　57, 71, 102
電子ボルト（eV）　5, 96
点電荷　78
天然存在比　99
電　場　71, 80, 83, 97
電　流　3, 4, 86, 89
電　力　31, 88

同位相　64
同位体　99
等加速度運動　20, 22, 35
透磁率　89
等速円運動　38, 59
等速直線運動　16
等速度運動　16, 21, 22
導　体　86
動摩擦係数　11
動摩擦力　10

な　行

内　積　30
内部エネルギー　46
長　さ　3, 4
ナ　ノ　5
波　55
波の重ねあわせの原理　63
波の干渉　63
波の合成　63
波の独立性　63
波を表す式　60

二階導関数　20
日本薬局方　73
入射角　71, 72
ニュートン（N）　4, 7, 9

ニュートンの運動方程式　24, 27, 40

熱と仕事　45
熱運動　46, 48, 84, 87
熱化学カロリー　46
熱の移動　46, 50
熱の仕事当量　45
熱平衡　46
熱容量　48, 49
熱力学温度　45
熱力学第一法則　46, 47
熱量　45
熱量保存の法則　45

は 行

媒質　55
倍振動　69
波源　55, 65
波数（$\tilde{\nu}$）　104
パスカル（Pa）　4, 11
波長　56, 64, 67, 71
発光スペクトル　104
パッシェン系列　105
波動　55
波動性
　　——と粒子性　102
　電子の——　106
波動方程式　62
ばね定数　10, 35
速さ　4, 16
腹　67, 68
バリオン数　100
パルス波　55, 63
Balmer, J. J.　104
バルマー系列　104, 105
反作用　11
反射角　72
反射光　72
半導体　87
半波長　68
反発係数　28, 29
反発力　77

光の回折　73
光の正体　71
光の振動数　57
光の全反射　73
光の二重性　102
光の波動性　64
光の速さ　57, 71
光の分散　73
光ファイバー　73
非極性分子　84
ピコ　5
ピコファラド（pF）　83
比重　3
非弾性衝突　29

比電荷　96
比熱　48
比熱容量　48
微分記号　18
微分法則　39
比誘電率　78, 84
秒（s）　3

Faraday, M.　83
ファラド（F）　4, 83
v–t グラフ　16, 19, 23
不可逆変化　50
負極板　80
節　67, 68
フックの法則　10
物質の三態　48
物質量　3
物理量　3, 4
負電荷　77
プランク定数　101, 106
プリズム　73
浮力　12
フレミングの左手の法則　90
分光器　73
分散
　光の ——　73
分子間力　46, 48
分子の熱運動　46

平均の加速度　19
平均の速度　17
平行板コンデンサー　84
ヘクト　5
ベクトルの外積・内積　30
ベクトル量　6, 16, 19, 30
β 壊変　99, 100
β^+ 壊変　100
β^- 壊変　100
β 線　99
β 崩壊　99
PET　100
ヘリウム原子の原子模型　99
ヘルツ（Hz）　4, 5, 38
変位　16
変形　6

ボーアの原子模型　105
崩壊　99
放射性同位体　99
放電　95
放電管　95, 104
放物運動　21
ポテンシャルエネルギー　34
ボルト（V）　4, 81

ま〜わ

マイクロ　5

マイクロ波　57
マイクロファラド（μF）　83
膜電位　82
摩擦熱　45
摩擦力　10

右ねじの法則　89
水の状態変化　49, 50
ミリ　5

無極性分子　84
無次元　3

メガ　5
メートル（m）　3

モル（mol）　3
モル熱容量　48
モル濃度　4

融解　48
融解熱　49
誘電体　84
誘電分極　84
誘電率　84

陽イオン　77, 86
陽極　95
陽子　77, 98
陽電子　100
陽電子放出断層撮影法　100
横波　57

ライマン系列　105
Rutherford, E.　98
ラザフォードの原子模型　98
ラジアン（rad）　38, 59
ラジオ波　57
落下運動　20, 36
乱雑な状態　50

力学的エネルギー　36
力学的エネルギー保存則　36, 37
力積　27, 28
リットル（L）　4
粒子性と波動性　102
Rydberg, J. R.　104
リュードベリ定数　105
量子条件　105
量子数　105
量子力学　102
臨界角　72
臨界振動数　102

励起状態　95
連続波　55

ローレンツ力　9, 90, 96

ワット（W）　31, 88

第 1 版 第 1 刷 2013 年 4 月 10 日 発行
第 6 刷 2020 年 10 月 1 日 発行

プライマリー薬学シリーズ 2
薬学の基礎としての物理学

編 集　公益社団法人日本薬学会
ⓒ 2013　発行者　住　田　六　連
　　　　　発　行　株式会社 東京化学同人
東京都文京区千石 3 丁目36-7 (〒112-0011)
電話 03-3946-5311・FAX 03-3946-5317
URL: http://www.tkd-pbl.com/

印刷・製本　株式会社アイワード

ISBN 978-4-8079-1652-8　Printed in Japan
無断転載および複製物（コピー，電子データなど）の無断配布，配信を禁じます．

―― 日本薬学会編 ――

スタンダード薬学シリーズⅡ
全9巻 26冊

総監修 市川 厚

編集委員 赤池昭紀・伊藤 喬・入江徹美・太田 茂
奥 直人・鈴木 匡・中村明弘

電子版 教科書採用に限り電子版対応可．詳細は東京化学同人営業部まで．

1 薬学総論
編集責任：中村明弘
- Ⅰ．薬剤師としての基本事項　4800円
- Ⅱ．薬学と社会　4500円

2 物理系薬学
編集責任：入江徹美
- Ⅰ．物質の物理的性質　4900円
- Ⅱ．化学物質の分析　4900円
- Ⅲ．機器分析・構造決定　4200円

3 化学系薬学
編集責任：伊藤 喬
- Ⅰ．化学物質の性質と反応　5600円
- Ⅱ．生体分子・医薬品の化学による理解　4600円
- Ⅲ．自然が生み出す薬物　4800円

4 生物系薬学
編集責任：奥 直人
- Ⅰ．生命現象の基礎　5200円
- Ⅱ．人体の成り立ちと生体機能の調節　4000円
- Ⅲ．生体防御と微生物　4900円

5 衛生薬学 ― 健康と環境 ―
6100円
編集責任：太田 茂

6 医療薬学
- Ⅰ．薬の作用と体の変化および薬理・病態・薬物治療（1）　4100円
- Ⅱ．薬理・病態・薬物治療（2）　3800円
  Ⅰ・Ⅱ 編集責任：赤池昭紀
- Ⅲ．薬理・病態・薬物治療（3）　3400円
- Ⅳ．薬理・病態・薬物治療（4）　5500円
  Ⅲ・Ⅳ 編集責任：山元俊憲
- Ⅴ．薬物治療に役立つ情報　4200円
- Ⅵ．薬の生体内運命　3200円
- Ⅶ．製剤化のサイエンス　3500円
  Ⅴ・Ⅵ・Ⅶ 編集責任：望月眞弓

7 臨床薬学
日本薬学会・日本薬剤師会
日本病院薬剤師会・日本医療薬学会 共編
編集責任：鈴木 匡
- Ⅰ．臨床薬学の基礎および処方箋に基づく調剤　4000円
- Ⅱ．薬物療法の実践　2500円
- Ⅲ．チーム医療および地域の保健・医療・福祉への参画　4000円

8 薬学研究
2900円
編集責任：市川 厚

9 薬学演習 ― アクティブラーニング課題付 ―
- Ⅰ．医療薬学・臨床薬学　3400円
  編集責任：赤池昭紀
- Ⅱ．基礎科学　編集責任：市川 厚
  2021年3月刊行予定
- Ⅲ．薬学総論・衛生薬学　3800円
  編集責任：太田 茂

記載の価格は本体価格，定価は本体価格＋税（2020年10月現在）

基礎物理定数の値

物理量（記号）	数値
アボガドロ定数† (N_A)	$6.022\,140\,76 \times 10^{23}$ mol^{-1}
気体定数 (R)	$8.314\,462\,618$ J K^{-1} mol^{-1}
真空中の光速度† (c_0)	$299\,792\,458$ m s^{-1}
真空の誘電率 (ε_0)	$8.854\,187\,8128(13) \times 10^{-12}$ F m^{-1}
中性子の質量 (m_n)	$1.674\,927\,498\,04(95) \times 10^{-27}$ kg
重力の標準加速度† (g)	$9.806\,65$ m s^{-2}
電気素量† (e)	$1.602\,176\,634 \times 10^{-19}$ C
電子の質量 (m_e)	$9.109\,383\,7105(28) \times 10^{-31}$ kg
ファラデー定数 (F)	$9.648\,533\,212 \times 10^{4}$ C mol^{-1}
プランク定数† (h)	$6.626\,070\,15 \times 10^{-34}$ J s
ボーア半径 (a_0)	$5.291\,772\,109\,03(80) \times 10^{-11}$ m
ボルツマン定数† (k_B)	$1.380\,649 \times 10^{-23}$ J K^{-1}
陽子の質量 (m_p)	$1.672\,621\,923\,69(51) \times 10^{-27}$ kg

† 定義された値.

SI 接頭語

接頭語	記号	倍数
ペタ	P	10^{15}
テラ	T	10^{12}
ギガ	G	10^{9}
メガ	M	10^{6}
キロ	k	10^{3}
ヘクト	h	10^{2}
デカ	da	10
デシ	d	10^{-1}
センチ	c	10^{-2}
ミリ	m	10^{-3}
マイクロ	μ	10^{-6}
ナノ	n	10^{-9}
ピコ	p	10^{-12}
フェムト	f	10^{-15}

簡単な数学関係式

$$\ln x = 2.3026 \log x \qquad \int x^n\,dx = \frac{x^{n+1}}{n+1}$$

$$\frac{dx^n}{dx} = nx^{n-1} \qquad \int \frac{1}{x}\,dx = \ln x$$

SI 基本単位

物理量	SI単位の名称	SI単位の記号
長さ	メートル	m
質量	キログラム	kg
時間	秒	s
電流	アンペア	A
熱力学温度	ケルビン	K
物質量	モル	mol
光度	カンデラ	cd

数学定数

定数	記号	数値
円周率	π	3.1416
自然対数の底	e	2.7183

SI 組立単位

物理量	SI単位の名称	SI単位の記号	SI基本単位による表現
力	ニュートン	N	m kg s^{-2}
圧力, 応力	パスカル	Pa	m^{-1} kg s^{-2} = N m^{-2}
エネルギー, 仕事, 熱量	ジュール	J	m^2 kg s^{-2} = N m = Pa m^3
工率, 仕事率	ワット	W	m^2 kg s^{-3} = J s^{-1}
電荷・電気量	クーロン	C	s A
電気抵抗	オーム	Ω	m^2 kg s^{-3} A^{-2} = V A^{-1}
電位差(電圧)・起電力	ボルト	V	m^2 kg s^{-3} A^{-1} = J C^{-1}
静電容量・電気容量	ファラド	F	m^{-2} kg^{-1} s^4 A^2 = C V^{-1}
周波数・振動数	ヘルツ	Hz	s^{-1}

よく用いられる SI 以外の単位

単位の名称	物理量	記号	換算値
熱化学カロリー	エネルギー	cal$_{th}$	1 cal$_{th}$ = 4.184 J
デバイ	電気双極子モーメント	D	1 D ≈ $3.335\,641 \times 10^{-30}$ C m
ガウス	磁場（磁束密度）	G	1 G = 10^{-4} T
リットル	体積	L, l	1 L = 10^{-3} m^3

換算表

1 Å（オングストローム）= 10^{-8} cm = 10^{-10} m = 0.1 nm = 100 pm

1 atm（標準大気圧）= 760 Torr（トル）= 760 mmHg = $1.013\,25 \times 10^5$ Pa = 101.325 kPa

1 bar（バール）= 1×10^5 Pa = 100 kPa ≈ 0.986 923 atm

1 eV（電子ボルト）≈ $1.602\,176 \times 10^{-19}$ J ≈ 96.485 34 kJ mol^{-1}

R = 8.314 J K^{-1} mol^{-1} = 0.082 06 L atm K^{-1} mol^{-1}

1 L atm = 101.325 J